那些重要的探险之旅

THE ATLAS OF GREAT JOURNEYS

[英] 菲利普·斯蒂尔◎著　[德] 克里斯蒂安·格莱林根◎绘

贾琢◎译

贵州出版集团
贵州教育出版社

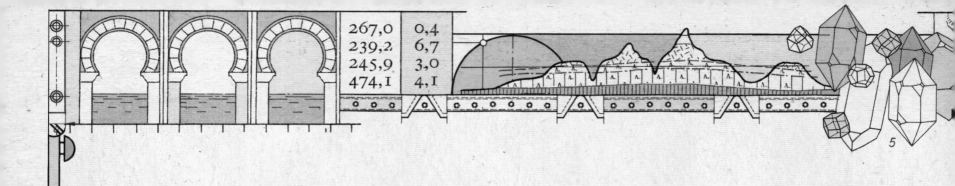

只要做一次别人认为你做不到的事，
你就再也不会在意别人给你设置的限制了。

——英国著名探险家　詹姆斯·库克

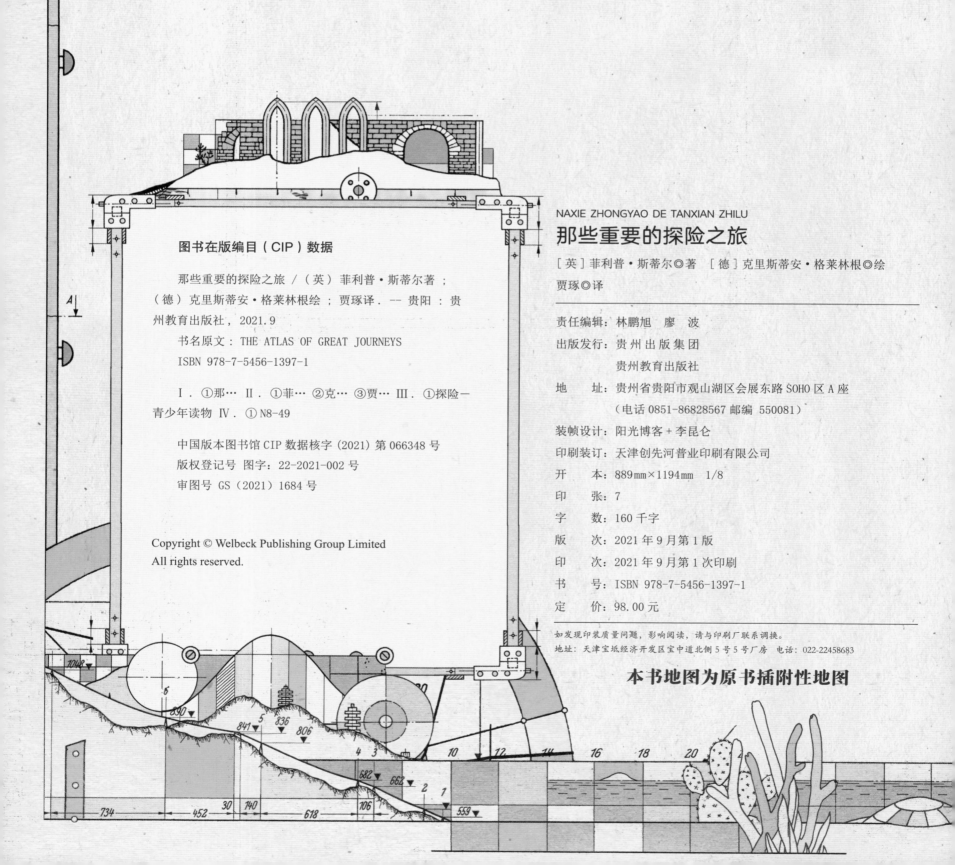

图书在版编目（CIP）数据

那些重要的探险之旅／（英）菲利普·斯蒂尔著；
（德）克里斯蒂安·格莱林根绘；贾琢译. -- 贵阳：贵
州教育出版社，2021.9
书名原文：THE ATLAS OF GREAT JOURNEYS
ISBN 978-7-5456-1397-1

Ⅰ．①那…　Ⅱ．①菲…　②克…　③贾…　Ⅲ．①探险—
青少年读物　Ⅳ．① N8-49

中国版本图书馆 CIP 数据核字（2021）第 066348 号
版权登记号 图字：22-2021-002 号
审图号 GS（2021）1684 号

NAXIE ZHONGYAO DE TANXIAN ZHILU

那些重要的探险之旅

[英] 菲利普·斯蒂尔◎著　　[德] 克里斯蒂安·格莱林根◎绘
贾琢◎译

责任编辑：林鹏旭　廖　波
出版发行：贵州出版集团
　　　　　贵州教育出版社
地　　址：贵州省贵阳市观山湖区会展东路 SOHO 区 A 座
　　　　　（电话 0851-86828567 邮编 550081）
装帧设计：阳光博客 + 李昆仑
印刷装订：天津创先河普业印刷有限公司
开　　本：889mm×1194mm　1/8
印　　张：7
字　　数：160 千字
版　　次：2021 年 9 月第 1 版
印　　次：2021 年 9 月第 1 次印刷
书　　号：ISBN 978-7-5456-1397-1
定　　价：98.00 元

如发现印装质量问题，影响阅读，请与印刷厂联系调换。
地址：天津宝坻经济开发区宝中道北侧 5 号 5 号厂房　电话：022-22458683

本书地图为原书插附性地图

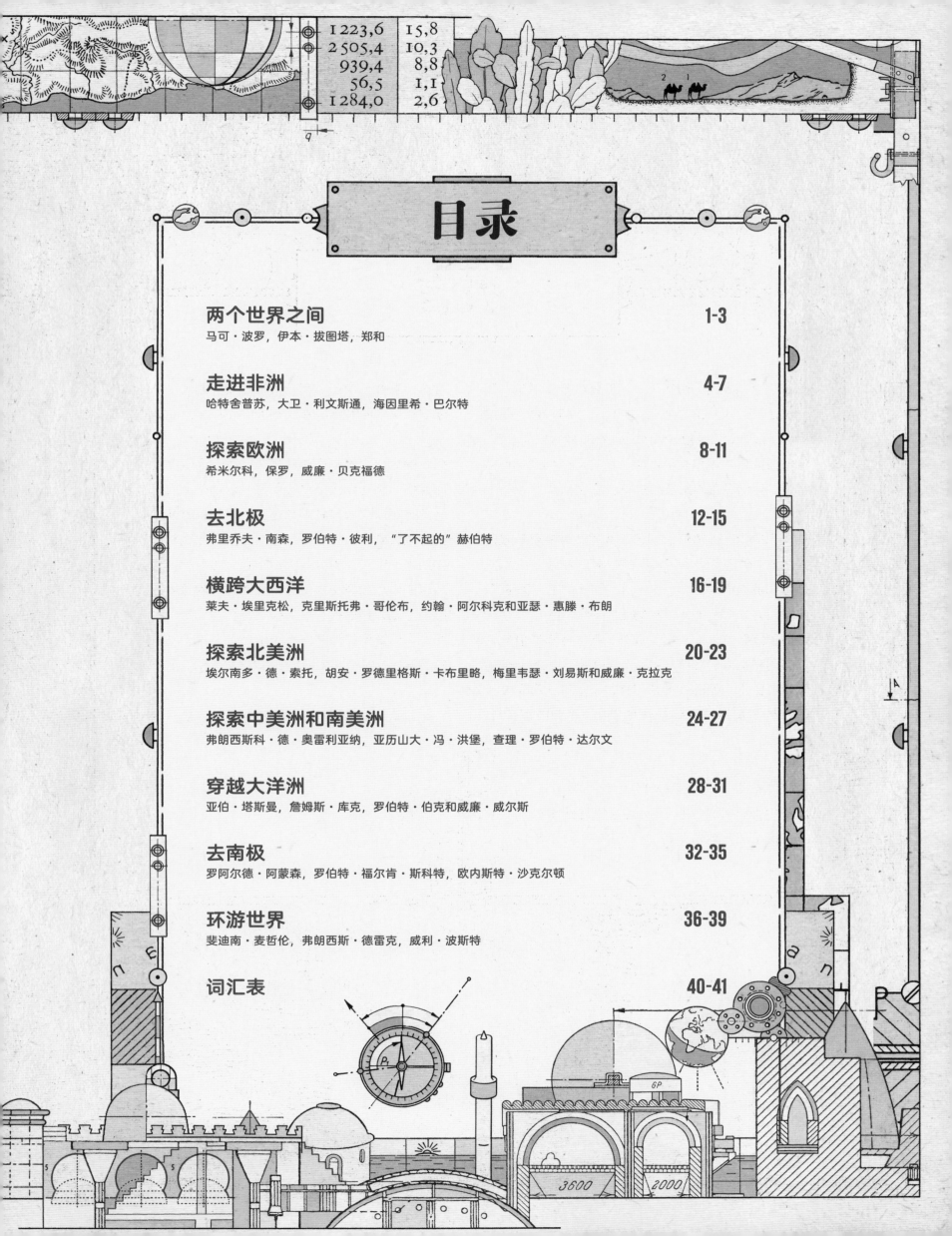

目录

引言

从古至今，人类一直热衷于探险。数千年以来，我们居住在各大洲的土地上，穿越高山和沙漠，最终跨越了海洋。当维京人和毛利人在暴风雨中航行时，他们的队伍中不只有男战士，还有与他们同样勇敢坚强、有创造力的女性和孩子。

在这本书中，你将认识来自不同时代和文化背景的探险家。他们有的为了贸易而探险，有的为了战争、掠夺或征服而探险。另一些人，他们则是逃离战争的难民。还有一些人，比如朝圣者和传教士，他们也是为了宗教信仰而旅行。此外，甚至还有专制统治下的囚犯。人们怀着一颗好奇心离开了家乡，他们想知道山川大河的另一边有什么。总有人在不断地探索科学知识，想要更多地了解我们赖以生存的地球。

15 到 18 世纪，欧洲大部分的著名探险活动都由男性完成。到了 19 世纪，最早的女性探险家开始留下她们伟大的足迹。20

世纪，女性航海家、飞行员和宇航员创造了历史，像古代女法老哈特舍普苏一样闻名世界。

如今的世界变得越来越"小"，我们不仅实现了全球通信，旅行也变得更加便捷。自从有了卫星，人类几乎可以清晰地看到地球上的一切。遗憾的是，我们也看到了人类在破坏海洋、河流和森林时的所作所为。今天，当我们以从未有过的便捷，进行一场属于自己的环球探险时，那些伟大的探险故事依旧能激励人们去拥有更坚韧的品格和冒险精神，也提醒人们要爱护地球——当地球还未遭到破坏时，它的美丽曾经令伟大的探险家们感到惊叹与折服！

如何使用这本书

本书中的地图通过 AR（增强现实）技术，以 3D（三维）形式向你呈现探险家们的冒险历程。

1. 从手机或平板电脑 APP（应用）商店中，下载免费的《那些重要的探险之旅》APP。

2. 将本书尽可能平整地摆放在光线好的位置。

3. 打开 APP 查看任何一张地图，按照屏幕上的说明操作。

4. 点击三位探险家中任意一位的图像，就能开启探险。地图上会出现一个沿着探险路线移动的图标。在某些重要的地方，屏幕上会跳出一段文字，向你说明这里的位置以及发生的事件。

5. 在探险过程中，你可以通过点击 3D 立体的探险家交通工具，进行放大和旋转，以便更清楚地观察它们。

马可·波罗

约 1254 年生于意大利威尼斯，他沿着古老的丝绸之路一直旅行至中国，那时的中国处于元朝忽必烈统治时期。回国后，他口述东方见闻，被录为《马可·波罗行纪》，声名大噪。

马可·波罗，
威尼斯，1271 年

伊本·拔图塔，
丹吉尔，1325 年

伊本·拔图塔

伊本·拔图塔是阿拉伯旅行家，生于摩洛哥。
1325 年，他离开了家乡去麦加朝圣。
他后来到达了南欧、东非、亚洲，去过印度、
中国等地。

⊕ 1 223,6	15,8	
⊕ 2 505,4	10,3	
939,4	8,8	
56,5	1,1	
⊕ 1 284,0	2,6	

两个世界之间

数千年来，无论穿越欧洲或亚洲，
都是一场踏入未知领域的探险。
险峻的地势、难以逾越的海洋、互相敌对的国家或政权，
都使旅行变得异常艰难。
然而，这一切都没有阻挡那些伟大探险家们的脚步。

在 APP 上，看一看这一页地图上的旅行。

郑和，
南京，1405 年

郑和

约生于 1371 年，他曾是
中国下西洋船队的首领。
他的船队在东南亚海域战胜了海盗，
并穿越了印度洋，最终到达了非洲。

3600　2000

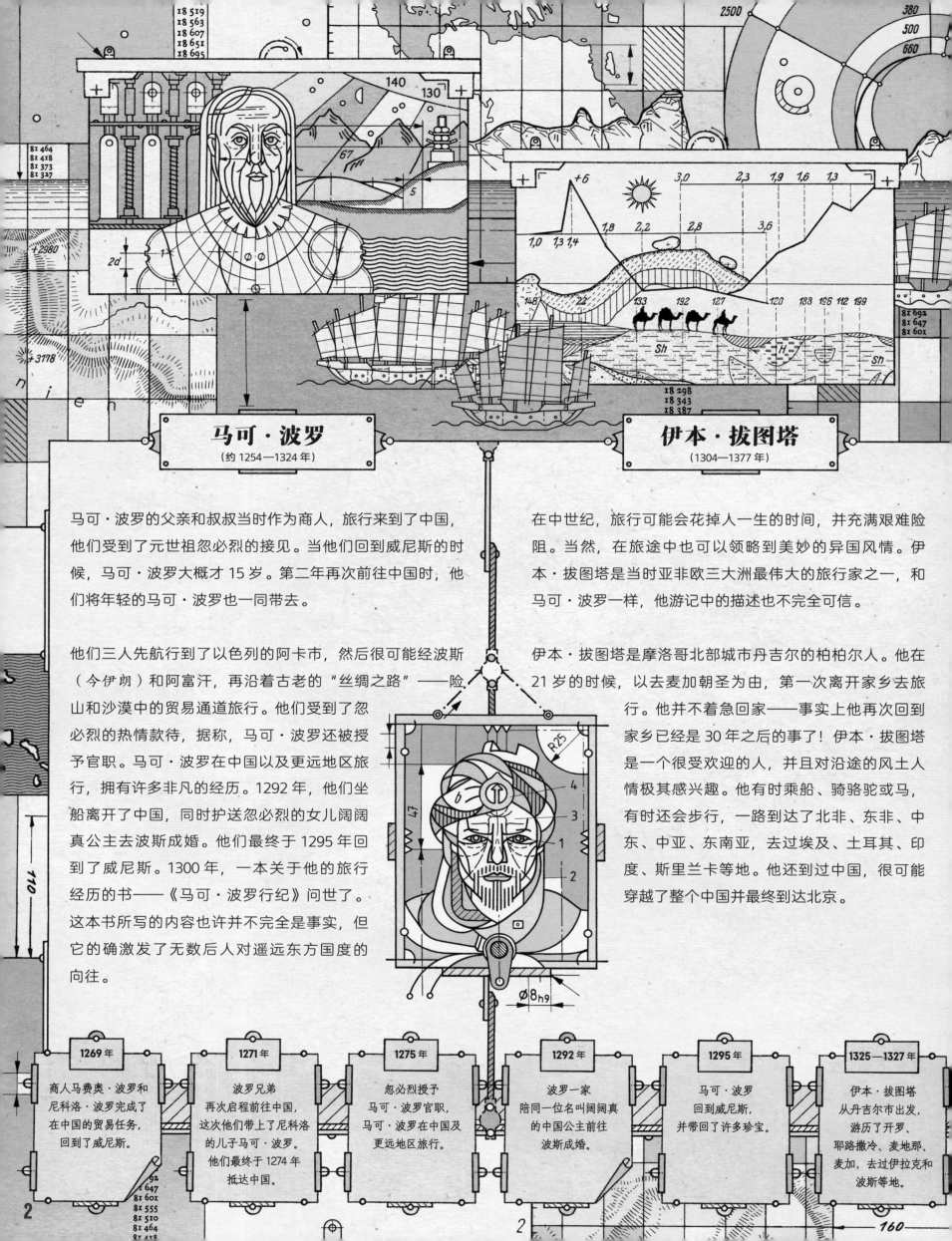

马可·波罗
（约 1254—1324 年）

伊本·拔图塔
（1304—1377 年）

马可·波罗的父亲和叔叔当时作为商人，旅行来到了中国，他们受到了元世祖忽必烈的接见。当他们回到威尼斯的时候，马可·波罗大概才 15 岁。第二年再次前往中国时，他们将年轻的马可·波罗也一同带去。

他们三人先航行到了以色列的阿卡市，然后很可能经波斯（今伊朗）和阿富汗，再沿着古老的"丝绸之路"——险山和沙漠中的贸易通道旅行。他们受到了忽必烈的热情款待，据称，马可·波罗还被授予官职。马可·波罗在中国以及更远地区旅行，拥有许多非凡的经历。1292 年，他们坐船离开了中国，同时护送忽必烈的女儿阔阔真公主去波斯成婚。他们最终于 1295 年回到了威尼斯。1300 年，一本关于他的旅行经历的书——《马可·波罗行纪》问世了。这本书所写的内容也许并不完全是事实，但它的确激发了无数后人对遥远东方国度的向往。

在中世纪，旅行可能会花掉人一生的时间，并充满艰难险阻。当然，在旅途中也可以领略到美妙的异国风情。伊本·拔图塔是当时亚非欧三大洲最伟大的旅行家之一，和马可·波罗一样，他游记中的描述也不完全可信。

伊本·拔图塔是摩洛哥北部城市丹吉尔的柏柏尔人。他在 21 岁的时候，以去麦加朝圣为由，第一次离开家乡去旅行。他并不着急回家——事实上他再次回到家乡已经是 30 年之后的事了！伊本·拔图塔是一个很受欢迎的人，并且对沿途的风土人情极其感兴趣。他有时乘船、骑骆驼或马，有时还会步行，一路到达了北非、东非、中东、中亚、东南亚，去过埃及、土耳其、印度、斯里兰卡等地。他还到过中国，很可能穿越了整个中国并最终到达北京。

1269 年	1271 年	1275 年	1292 年	1295 年	1325—1327 年
商人马费奥·波罗和尼科洛·波罗完成了在中国的贸易任务，回到了威尼斯。	波罗兄弟再次启程前往中国，这次他们带上了尼科洛的儿子马可·波罗。他们最终于 1274 年抵达中国。	忽必烈授予马可·波罗官职，马可·波罗在中国及更远地区旅行。	波罗一家陪同一位名叫阔阔真的中国公主前往波斯成婚。	马可·波罗回到威尼斯，并带回了许多珍宝。	伊本·拔图塔从丹吉尔市出发，游历了开罗、耶路撒冷、麦地那、麦加，去过伊拉克和波斯等地。

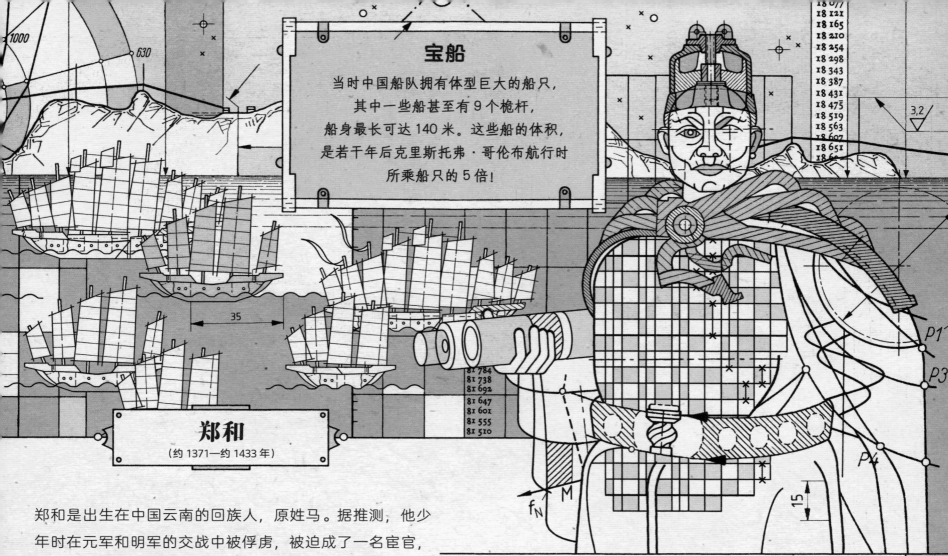

宝船

当时中国船队拥有体型巨大的船只，其中一些船甚至有 9 个桅杆，船身最长可达 140 米。这些船的体积，是若干年后克里斯托弗·哥伦布航行时所乘船只的 5 倍！

郑和

(约 1371—约 1433 年)

郑和是出生在中国云南的回族人，原姓马。据推测，他少年时在元军和明军的交战中被俘虏，被迫成了一名宦官，人称"三保"。他的作战能力深得明永乐帝信任，并被委任为远航船队的首领，赐名"郑和"。他能成功地辅佐皇帝，得益于他优秀的领导能力和外交才能。

印度洋上的贸易往来，可以追溯到远古时期。1405—1433 年间，中国进行的七下西洋远航，以其巨大的规模引起了全世界的瞩目，它们甚至可以说是历史上规模最大的海上航行。郑和第一次航行的船队由 317 艘船组成，其中有 62 艘是巨大的"郑和宝船"。这些巨型船是整个船队的骄傲。2015 年，中国南京曾出土了其中一艘船的船舵。它有 10 米高，重达 500 千克以上。当时的船员，总数多达 27800 多人。郑和宝船，令若干年后克里斯托弗·哥伦布航行时所乘的船只，看起来就像玩具一样。

这次远航的目的之一是显示中国当时的国力、财富和影响力。他们访问了文莱、爪哇、泰国、印度、斯里兰卡、波斯湾、阿拉伯，甚至到了非洲东海岸的斯瓦希里海岸。他们与各国交换礼物和物品，例如黄金、白银、丝绸、优质的瓷器和象牙。他们还沿途收集了许多野生动物带回国，有斑马、鸵鸟甚至长颈鹿，可惜有的在途中就死掉了。

中国的造船水平，曾领先世界 1000 多年。中国最先使用方向舵代替船桨控制方向，并率先使用多桅杆和防水隔板（船有漏洞时，用来降低沉船风险的防水隔间）。所有这些发明以及一部分中国地图，最终都被欧洲人拿去效仿。如果没有这些发明，"地理大发现"时代很有可能还未开始。

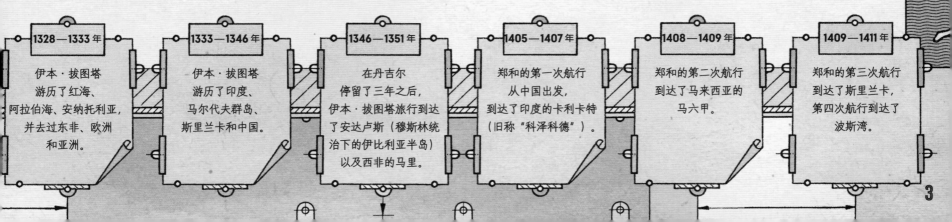

1328—1333 年	1333—1346 年	1346—1351 年	1405—1407 年	1408—1409 年	1409—1411 年
伊本·拔图塔游历了红海、阿拉伯海、安纳托利亚，并去过东非、欧洲和亚洲。	伊本·拔图塔游历了印度、马尔代夫群岛、斯里兰卡和中国。	在丹吉尔停留了三年之后，伊本·拔图塔旅行到达了安达卢斯（穆斯林统治下的伊比利亚半岛）以及西非的马里。	郑和的第一次航行从中国出发，到达了印度的卡利卡特（旧称"科泽科德"）。	郑和的第二次航行到达了马来西亚的马六甲。	郑和的第三次航行到达了斯里兰卡，第四次航行到达了波斯湾。

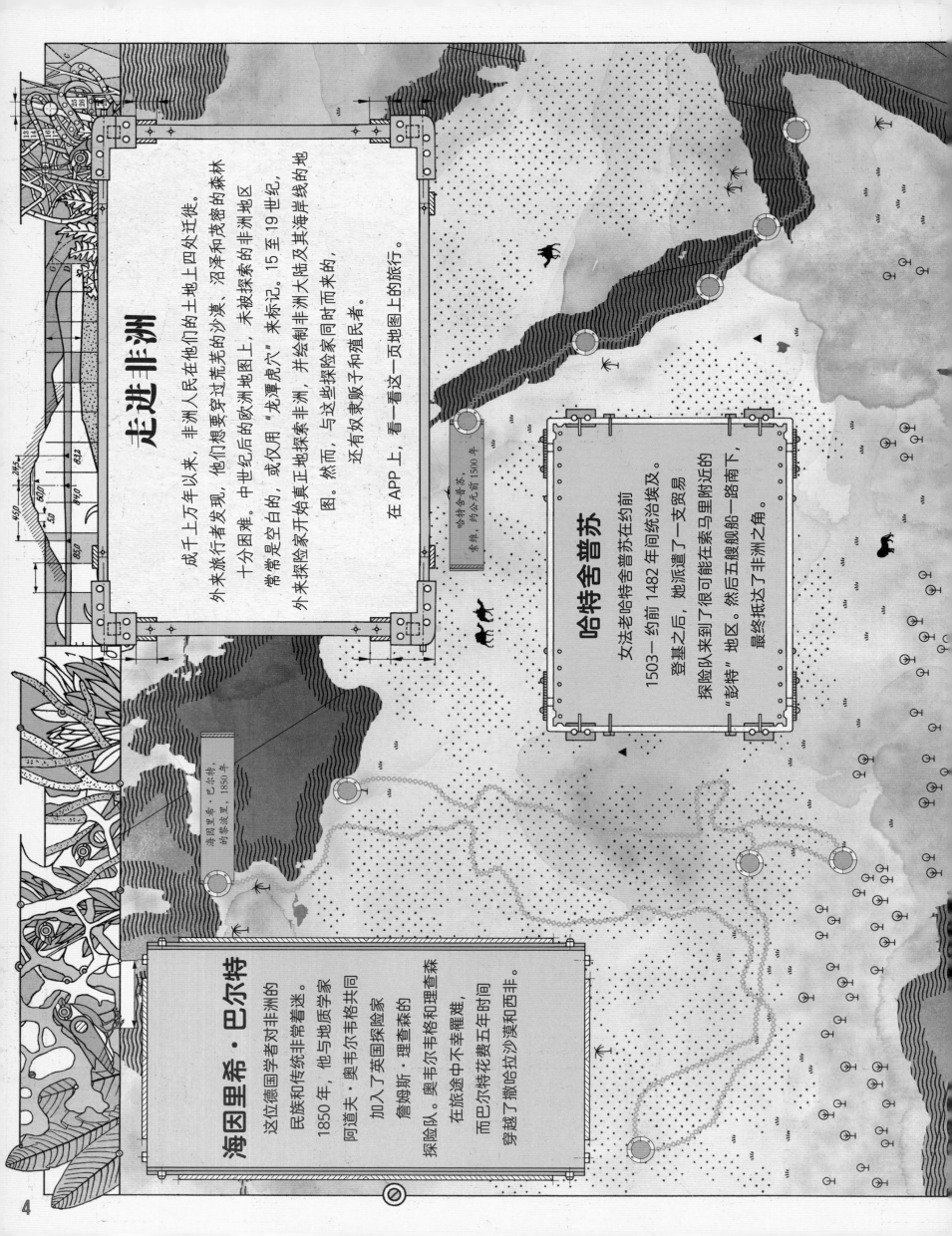

走进非洲

成千上万年以来，非洲人民在他们的土地上四处迁徙。

外来旅行者发现，他们想要穿过荒芜的沙漠、沼泽和茂密的森林十分困难。中世纪后的欧洲地图上，未被探索的非洲地区常常是空白的，或仅用"龙覃虎穴"来标记。15 至 19 世纪，外来探险家开始真正地探索非洲，并绘制非洲大陆及其海岸线的地图。然而，与这些探险家同时而来的，还有奴隶贩子和殖民者。

在 APP 上，看一看这一页地图上的旅行。

哈特舍普苏，
索维，约公元前 1500 年

哈特舍普苏

女法老哈特舍普苏在约前 1503—约前 1482 年间统治埃及。

登基之后，她派遣了一支贸易探险队来到了很可能在索马里附近的"彭特"地区。然后五艘舰船一路南下，最终抵达了非洲之角。

海因里希·巴尔特，
的黎波里，1850 年

海因里希·巴尔特

这位德国学者对非洲的民族和传统非常着迷。

1850 年，他与地质学家阿道夫·奥韦尔格共同加入了英国探险家詹姆斯·理查森的探险队。奥韦尔格和理查森在旅途中不幸罹难，而巴尔特花费五年时间穿越了撒哈拉沙漠和西非。

4

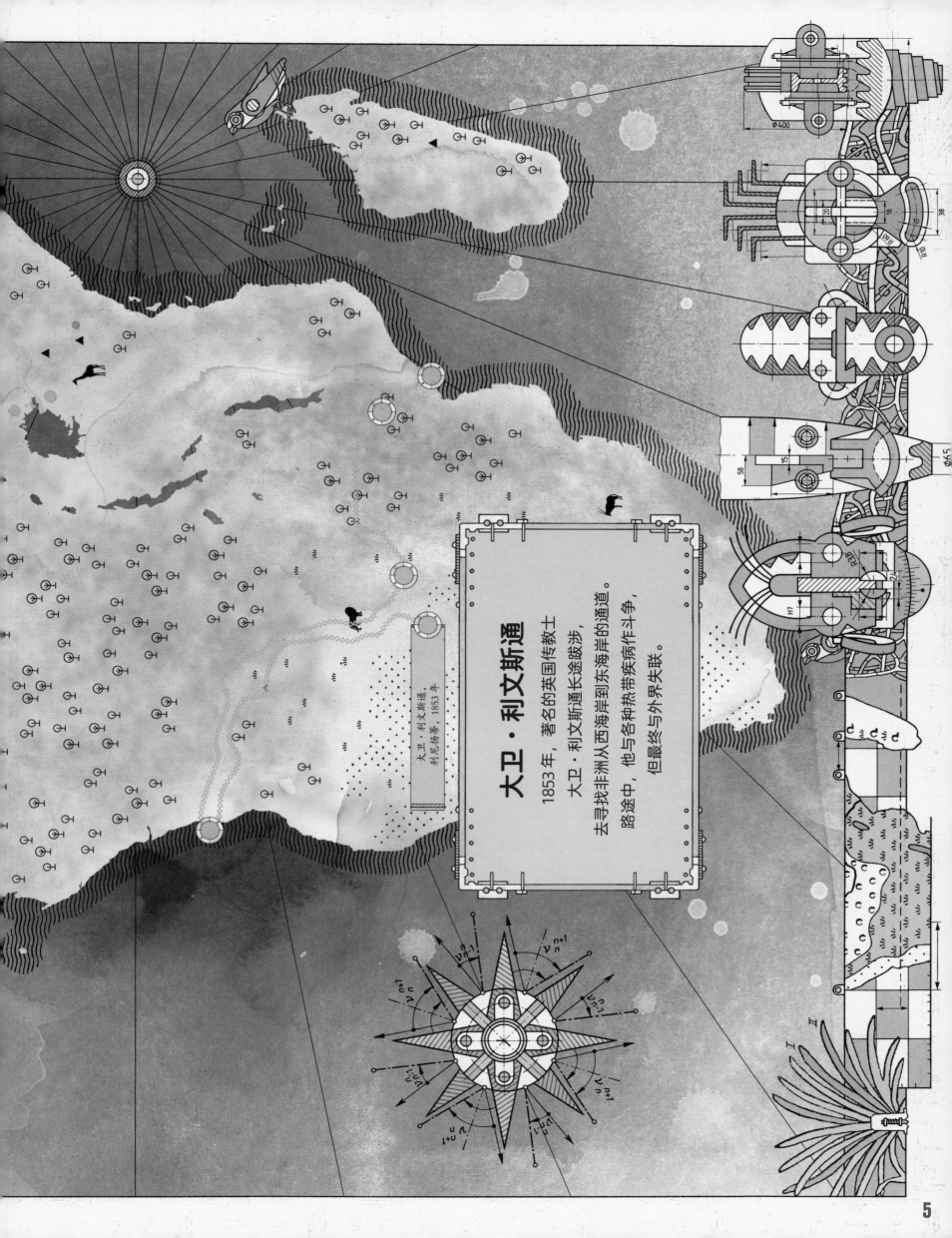

大卫·利文斯通

1853 年，著名的英国传教士
大卫·利文斯通长途跋涉，
去寻找非洲从西海岸到东海岸的通道。
路途中，他与各种热带疾病作斗争，
但最终与外界失联。

大卫·利文斯通，
利尼扬蒂，1853 年

海因里希·巴尔特
(1821—1865 年)

学者海因里希·巴尔特原本不是旅行探险家，但他却极大地推动了欧洲对非洲民族与文化的了解。他生于德国汉堡，在柏林求学。1845—1847 年，他学习了阿拉伯语，以便在北非和亚洲西南地区寻访古迹。

他于 1850—1855 年间，穿越撒哈拉沙漠，抵达西非。这是一次伟大的探险，他完整记录了这次旅途中的发现，并将其出版。他一路上克服了种种艰难险阻，甚至为了不被渴死，一度喝过自己的血。

海因里希·巴尔特与同时代的大部分欧洲探险家不同，他较少关心帝国与政治权力，更热衷于探索当地的语言、文化和历史。正是他对当地民族的深入了解，帮助他在旅伴詹姆斯·理查森和阿道夫·奥韦尔韦格因感染疟疾而死的情况下，成功地完成探险。

大卫·利文斯通
(1813—1873 年)

大卫·利文斯通出生于英国，从 10 岁起，他就不得不在棉花纺织厂工作。但经过努力学习，他成了一名医生、传教士和反奴隶制的推动者。与同时代的许多欧洲人一样，利文斯通想要传播基督教，开拓非洲殖民地。

1841 年，利文斯通被派到卡拉哈迪沙漠边的一个传道站。他四处旅行，在 1844 年还被一头狮子袭击。1852 年，利文斯通开始了他伟大的穿越非洲大陆之旅，这是一场为期 4 年、相当艰难的旅行。利文斯通还沿着赞比西河进行了更深入的探索。

在最后一次旅行中，利文斯通希望解决尼罗河的源头问题。当时他病得很重，加上目睹了一场残忍的奴隶大屠杀，他变得更加抑郁。利文斯通与外界完全失联，直到 1871 年，英国裔美国探险家兼记者亨利·莫尔顿·斯坦利在坦噶尼喀湖追踪到他的足迹，他才最终得救。利文斯通死于 1873 年 5 月 1 日。

前 18 万年	约前 1500 年	前 600 年	1488 年	1497—1499 年	1795—1806 年
第一批探险家：某些现代人类已经离开了非洲。	埃及哈特舍普苏女法老派遣一支探险队到达彭特地区（极有可能在非洲之角）。	埃及法老尼科二世派遣一支船队，以逆时针的方向环绕非洲航行。不过，这是真的，还是只是传说而已？	葡萄牙探险家巴尔托洛梅乌·缪·迪亚士沿着非洲西部的海岸线一直航行到南非。	葡萄牙探险家瓦斯科·达·伽马越过好望角，去探索非洲东部海岸。	英国探险家芒戈·派克沿着西非的尼日尔河，进行了两次探险。

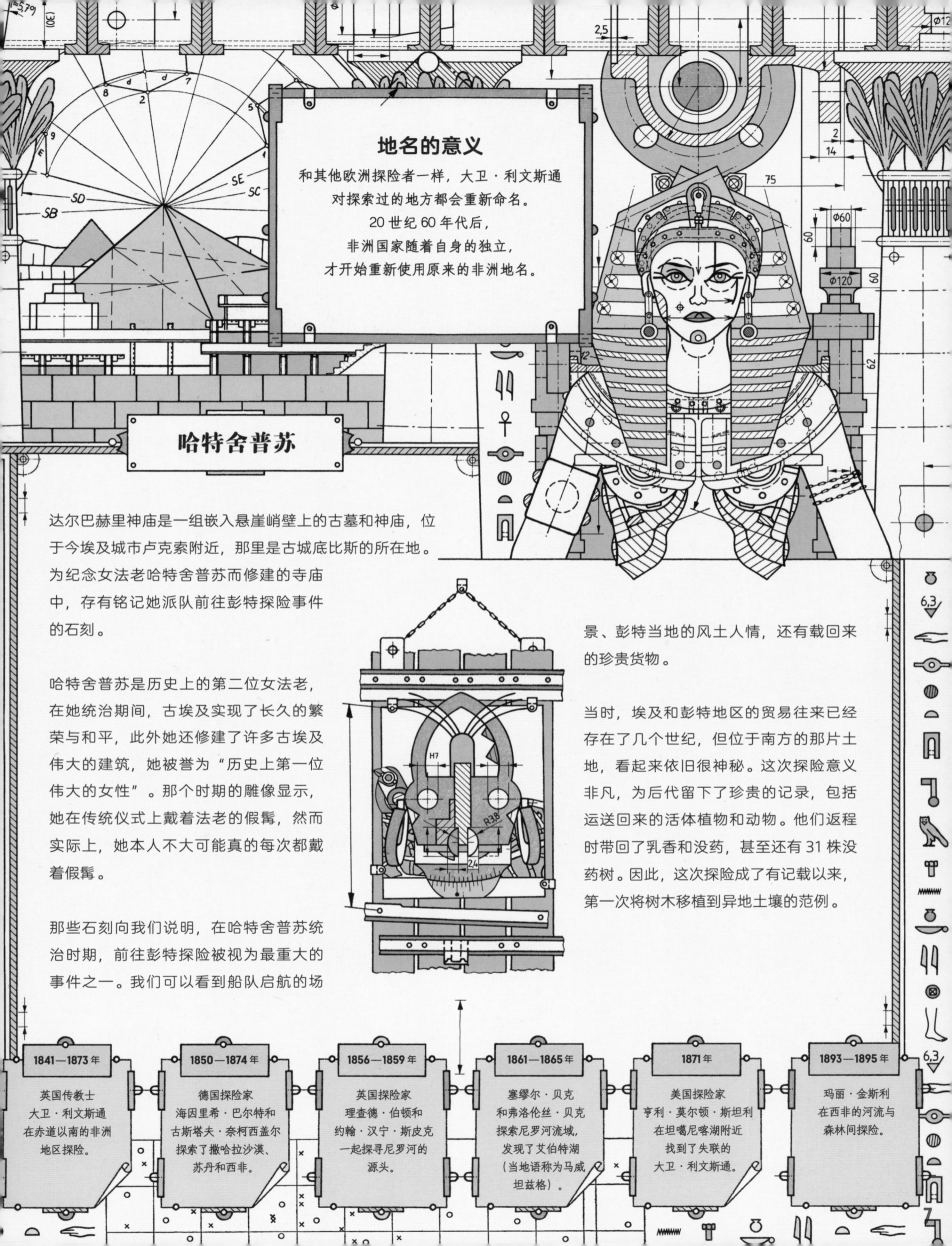

地名的意义

和其他欧洲探险者一样，大卫·利文斯通对探索过的地方都会重新命名。20 世纪 60 年代后，非洲国家随着自身的独立，才开始重新使用原来的非洲地名。

哈特舍普苏

达尔巴赫里神庙是一组嵌入悬崖峭壁上的古墓和神庙，位于今埃及城市卢克索附近，那里是古城底比斯的所在地。为纪念女法老哈特舍普苏而修建的寺庙中，存有铭记她派队前往彭特探险事件的石刻。

哈特舍普苏是历史上的第二位女法老，在她统治期间，古埃及实现了长久的繁荣与和平，此外她还修建了许多古埃及伟大的建筑，她被誉为"历史上第一位伟大的女性"。那个时期的雕像显示，她在传统仪式上戴着法老的假髯，然而实际上，她本人不大可能真的每次都戴着假髯。

那些石刻向我们说明，在哈特舍普苏统治时期，前往彭特探险被视为最重大的事件之一。我们可以看到船队启航的场景、彭特当地的风土人情，还有载回来的珍贵货物。

当时，埃及和彭特地区的贸易往来已经存在了几个世纪，但位于南方的那片土地，看起来依旧很神秘。这次探险意义非凡，为后代留下了珍贵的记录，包括运送回来的活体植物和动物。他们返程时带回了乳香和没药，甚至还有 31 株没药树。因此，这次探险成了有记载以来，第一次将树木移植到异地土壤的范例。

1841—1873 年	1850—1874 年	1856—1859 年	1861—1865 年	1871 年	1893—1895 年
英国传教士大卫·利文斯通在赤道以南的非洲地区探险。	德国探险家海因里希·巴尔特和古斯塔夫·奈柯西盖尔探索了撒哈拉沙漠、苏丹和西非。	英国探险家理查德·伯顿和约翰·汉宁·斯皮克一起探寻尼罗河的源头。	塞缪尔·贝克和弗洛伦丝·贝克探索尼罗河流域，发现了艾伯特湖（当地语称为马威坦兹格）。	美国探险家亨利·莫顿·斯坦利在坦噶尼喀湖附近找到了失联的大卫·利文斯通。	玛丽·金斯利在西非的河流与森林间探险。

威廉·贝克福德，
英格兰，1780 年

威廉·贝克福德

在 18 世纪 80 年代的欧洲北部，
兴起了一阵探索古希腊和古罗马时期的
艺术、思想和建筑的热潮。
当时许多年轻绅士向南旅行，
穿越阿尔卑斯山脉，
来到阳光充沛的意大利。
这种欧洲文化之旅，
在当时是一种危险且费用不菲的旅行。
年轻而富有的英国绅士威廉·贝克福德
就是其中的一位旅行者。

希米尔科，
迦太基，前 490 年

希米尔科

希米尔科是来自地中海最强大的腓尼基城市——
迦太基的一位探险家。当时在北欧和南欧之间，
已经存在很多条贸易路线，
然而希米尔科在前 490 年探索了大西洋的
全部海岸线，是有记载以来第一位
完成此壮举的探险家。

探索欧洲

人类在五万年前就开始了对欧洲的探索。从那时起，欧洲大陆便布满了相互交叉的陆地或海上的贸易路线。这里有来自各地从事贸易的人，如米诺斯人、罗马人和维京人。然而，对于历史上的探险家们来说，跨越欧洲一直是一项非常危险的挑战。即使在几百年前，情况也依旧如此。

在 APP 上，看一看这一页地图上的旅行。

保罗，
凯撒利亚，59 年

保罗

保罗是基督教早期
最著名的远航探险家之一。
1 世纪，他在罗马帝国进行了
四次伟大的探险，其间经历了海难、
强盗、沙漠和洪水的考验。
他的探险活动大部分集中在亚洲西部
或希腊地区，最后一次探险，
他到达了罗马。

希米尔科

位于北非地中海沿岸的迦太基城是由腓尼基商人建立的，他们曾是古代最伟大的航海家群体。前800—前250年，是迦太基政权的巅峰时期。大约在前490年，航海家们穿越直布罗陀海峡，进入广阔的大西洋海域。

其中一位探险家被罗马人称为希米尔科，而他的本名叫奇米尔·卡特。他的航海经历在很久之后才被记载下来，因此想要确定他的航行路线几乎是不可能的。他很有可能是从盖德港（今加的斯港）启航，那时已经有了沿着欧洲西海岸进行贸易的航线。希米尔科沿着大西洋海岸慢慢航行，很可能在沿途的港口停留过。他最终的目的地似乎是布列塔尼、锡利群岛或者康沃尔——以出口金属锡而闻名的地方。

威廉·贝克福德
（1760—1844 年）

15 至 16 世纪的文艺复兴时期，欧洲人重新发现了古希腊和古罗马文化的价值。在 17 世纪和 18 世纪，富有的欧洲北部绅士喜欢去意大利"游学旅行"。他们在那里参观古迹、建筑和艺术画廊，以此向别人炫耀他们的旅行经历和高雅的品味。浪漫主义诗人、作家和艺术家们，不辞辛劳地翻越阿尔卑斯山脉，去领略罗马、威尼斯和佛罗伦萨的艺术瑰宝。

那时候，旅行只能依靠马车或者骑马来穿越嶙峋的高山，途中还有被强盗袭击的风险。一百年后，人类发明了火车，从那之后的"游学旅行"更像是我们今天称之为"间隔年"那样的由导师带领年轻人的旅行。到了 19 世纪 90 年代，年轻女性也开始了这样的旅行。在德国作家歌德（1749—1832 年）和英国小说家兼艺术收藏家威廉·贝克福德的作品中，有许多著名的关于意大利之旅的描写。

前 18 万年	前 2700—前 1100 年	前 1200—前 500 年	前 800 年	前 490 年	前 325 年
人类第一次真正移居到了欧洲，他们与早期的尼安德特人共同居住在这里。	克里特岛的米诺斯人建造船只，用于在地中海地区的长途贸易往来。	腓尼基航海家在欧洲及更远地区进行贸易和探险。	古希腊人开始沿着地中海和黑海沿岸航行。	迦太基人希米尔科从地中海出发，去探索欧洲的西北部。	马萨利亚斯的皮西亚斯向北航行，去探索英国和欧洲北部。

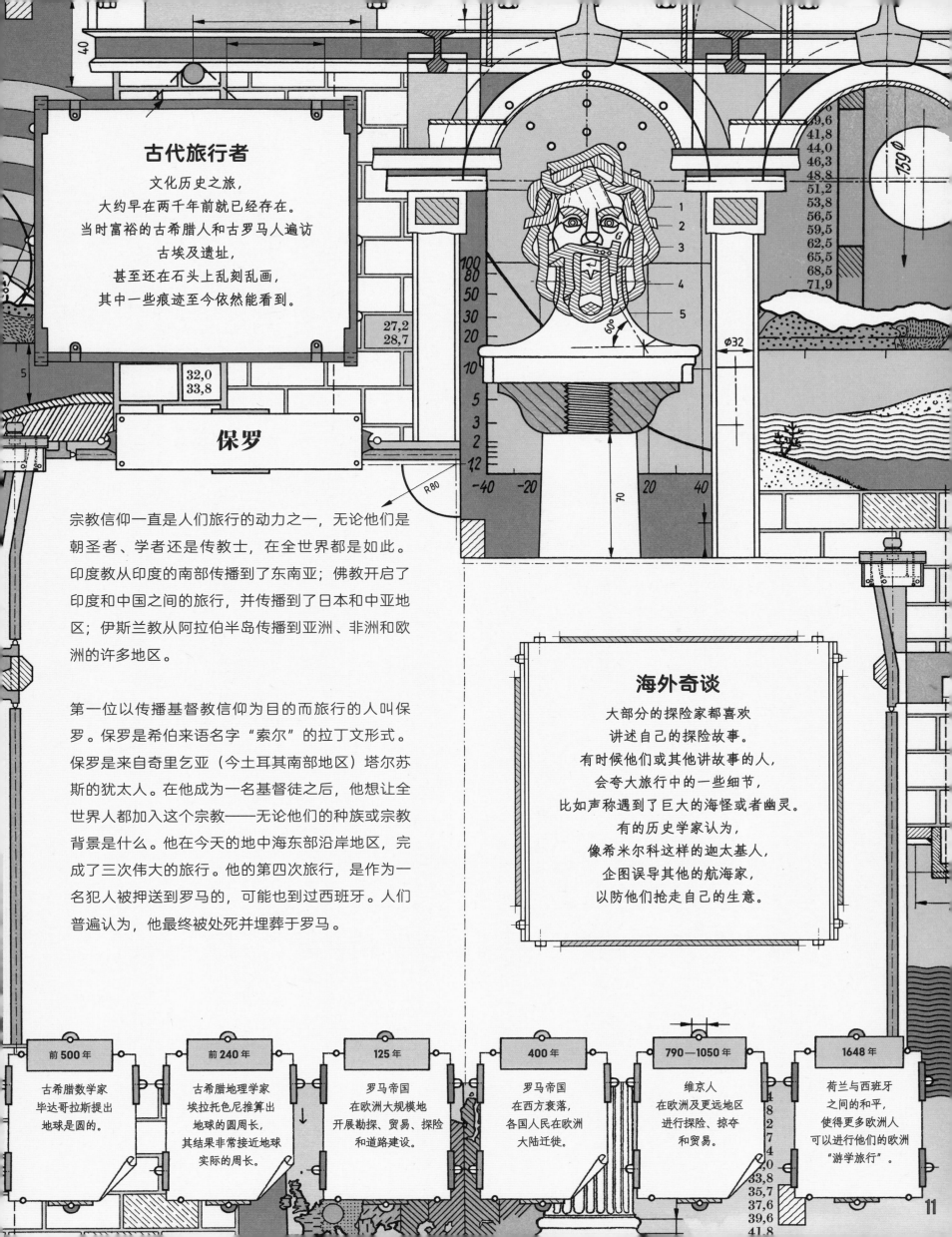

古代旅行者

文化历史之旅，
大约早在两千年前就已经存在。
当时富裕的古希腊人和古罗马人遍访
古埃及遗址，
甚至还在石头上乱刻乱画，
其中一些痕迹至今依然能看到。

保罗

宗教信仰一直是人们旅行的动力之一，无论他们是朝圣者、学者还是传教士，在全世界都是如此。印度教从印度的南部传播到了东南亚；佛教开启了印度和中国之间的旅行，并传播到了日本和中亚地区；伊斯兰教从阿拉伯半岛传播到亚洲、非洲和欧洲的许多地区。

第一位以传播基督教信仰为目的而旅行的人叫保罗。保罗是希伯来语名字"索尔"的拉丁文形式。保罗是来自奇里乞亚（今土耳其南部地区）塔尔苏斯的犹太人。在他成为一名基督徒之后，他想让全世界人都加入这个宗教——无论他们的种族或宗教背景是什么。他在今天的地中海东部沿岸地区，完成了三次伟大的旅行。他的第四次旅行，是作为一名犯人被押送到罗马的，可能也到过西班牙。人们普遍认为，他最终被处死并埋葬于罗马。

海外奇谈

大部分的探险家都喜欢
讲述自己的探险故事。
有时候他们或其他讲故事的人，
会夸大旅行中的一些细节，
比如声称遇到了巨大的海怪或者幽灵。
有的历史学家认为，
像希米尔科这样的迦太基人，
企图误导其他的航海家，
以防他们抢走自己的生意。

前 500 年	前 240 年	125 年	400 年	790—1050 年	1648 年
古希腊数学家毕达哥拉斯提出地球是圆的。	古希腊地理学家埃拉托色尼推算出地球的圆周长，其结果非常接近地球实际的周长。	罗马帝国在欧洲大规模地开展勘探、贸易、探险和道路建设。	罗马帝国在西方衰落，各国人民在欧洲大陆迁徙。	维京人在欧洲及更远地区进行探险、掠夺和贸易。	荷兰与西班牙之间的和平，使得更多欧洲人可以进行他们的欧洲"游学旅行"。

去北极

这个冰冷的世界之巅并不是大陆，而是海洋。
它与格陵兰岛、加拿大、美国阿拉斯加、瑞典、挪威、
芬兰和俄罗斯的海岸毗邻。
北极地区的中心被称为北极点，这里夏至时太阳永不下落，
冬至时太阳永不升起。如今的气候变化加速了北极冰川的融化，
这片冰天雪地的荒原正处于危险之中！

在 APP 上，看一看这一页地图上的旅行。

"了不起的"赫伯特

威廉·沃尔特·赫伯特是一位英国探险家。
他用雪橇和普通船只在北极和南极探险。
1969 年 4 月 6 日，
赫伯特依靠步行和驾雪橇到达了北极点，
当时的位置已得到确认。

"了不起的"赫伯特，
阿拉斯加，1968 年

9.18 607
9.18 651
9.18 695
9.18 7

弗里乔夫·南森

弗里乔夫·南森是来自挪威的一位坚强又大胆的
探险家和科学家。他虽然没有成功到达北极点，
但他在有史以来最伟大的一次极地探险中生存了下来。
1893 年，他和伙伴们冒着巨大的风险，
最终成功回家。

弗里乔夫·南森，
瓦尔德，1893 年

罗伯特·彼利

罗伯特·彼利是一名美国海军军官。
在 1908—1909 年间，
彼利率领一支 23 人的团队，
宣称他们到达了北极。
但后来的许多探险家认为，
他所报告的位置是错误的。

罗伯特·彼利，
埃尔斯米尔岛，1909 年

罗伯特·彼利
(1856—1920 年)

"了不起的"赫伯特
(1934—2007 年)

探险家罗伯特·彼利曾在 1881 年以测量师和土木工程师的身份，加入了美国海军。他分别于 1886 年和 1891 年在格陵兰岛进行了两次探险。他之后的三次探险分别发生在 1898—1902 年、1905—1906 年和 1908—1909 年。他向因纽特人学习如何穿越高低不平、移动、危险的冰域。他的领航员和助理是一位非洲裔美国人，名叫马修·亨森。

1908—1909 年，罗伯特·彼利到达北极点的探险是一次伟大的成就。然而当他返回后，一位名叫弗雷德里克·库克的探险家，宣称自己曾在 1908 年早于彼利到达了北极点。这个声明在当时并没有得到认可，因此人们仍然称赞彼利是个英雄。彼利所到达的位置并没有详细的记载，多年以后，许多人发现其缺乏证据，并且时间上也存在疑点。这是一个善意的错误吗？还是彼利夸大了自己的成就误导了大众？对此，人们直到今天依旧争论不休。

20 世纪人们用飞机、飞艇甚至潜艇去北极探险。而第一支在陆地上通过步行和驾雪橇去北极探险的队伍，已被证实是由威廉·沃尔特·赫伯特带领的。他横跨北极的英国探险队于 1969 年 4 月抵达北极点，仅仅比人类第一次登上月球早三个月。

赫伯特对于南极探险非常有经验。他拥有强大的忍耐力和持久力，当穿越冰川、在无尽黑暗的寒冬中安营扎寨时，这些能力是他必备的。他的探险队里还有罗伊·弗里茨·柯纳博士、肯·赫奇斯博士以及艾伦·吉尔。他们的科学工作令人瞩目，而他们对北极冰川的研究比以往任何时候都更加重要。如今全球气候变暖，正在破坏着一直以来被探险家们视为挑战的广袤冰原。

前 4000 年	前 2500 年	前 325 年	980 年	1827—1879 年	1895 年
北极居民开始从西伯利亚迁移到北美洲的北极区域。	第一批北极居民在格陵兰岛定居。	马萨利亚的皮西亚斯向北航行至有浮冰的海域，他说起过一个叫作图勒的极北之地。	维京人探索并定居在格陵兰岛。	三支探险队都没能成功到达北极点。	挪威探险家弗里乔夫·南森试图通过浮冰到达北极点。

迷失在冰天雪地中

1845 年，约翰·富兰克林爵士
带领一支英国海军探险队搜寻西北航道。
两艘舰船在维多利亚海峡被冰封住，
船上 129 人全部罹难。

弗里乔夫·南森
（1861—1930 年）

挪威探险家弗里乔夫·南森年轻时是一名滑冰冠军和越野滑雪选手。在从事航海探险和科学研究之后，他于 1888 年滑雪从东到西横穿了整个格陵兰岛。

南森对北冰洋深层洋流造成的冰川漂移理论十分着迷，并决定在高风险的环境中进行实验。1893—1896 年的那次北极探险，他虽然没有非常接近北极点，但却算是一次勇敢且成功的尝试。弗雷姆号是多么坚固的一艘船啊！它后来又承载罗阿尔德·阿蒙森在 1910—1912 年到达了南极点。南森可不仅是一位探险家，他后来还成了一名重要的科学家，并获得了诺贝尔和平奖。作为一名政治家，他曾为挪威和瑞典的独立而奔走呼号，这两个国家从 1814 年起就合并在一起。第一次世界大战之后，南森一直是国际联盟的坚定支持者和难民权利的积极维护者。

愚人的黄金

在 16 世纪，
英国探险家马丁·弗罗比舍
来到雷索卢申岛和弗罗比舍湾
（今加拿大努纳武特地区），
在西北航道进行了三次探险尝试。
他第二次航行时带回了两百吨矿石，
他本以为那些是黄金，
但其实只是"愚人的黄金"
——没什么价值的黄铁矿。

1909 年	1926 年	1948 年	1958 年	1969 年	2000 年
美国探险家罗伯特·彼利宣称到达了北极点，但后来被认为存在争议。	诺格号飞艇载着罗阿尔德·阿蒙森、林肯·埃尔斯沃思和乌贝托·诺比尔从北极点上空飞过。	苏联的飞机降落在冰面上，探险队步行到达了北极点。	美国核潜艇鹦鹉螺号在冰盖下通过了北极点。	"了不起的"赫伯特和他的探险队通过步行和驾狗拉雪橇到达了北极点。	由于气候变化，人们越来越关心北极冰川融化的问题。

莱夫·埃里克松

探险家"幸运的"莱夫
完成了维京人长途跋涉的探险，
穿越了北大西洋的岛屿，最终到达美洲大陆，
比克里斯托弗·哥伦布还早了近 500 年。
莱夫在大约 1000 年进行的这场发现之旅中，
最终到达了拉布拉多和纽芬兰。

约翰·阿尔科克和亚瑟·惠滕·布朗，
纽芬兰，1919 年

横跨大西洋

史前人类从亚洲通过"陆地之桥"到达美洲，
但第一批到达美洲的欧洲居民维京人
和不久之后的克里斯托弗·哥伦布，
都是通过航海抵达美洲的。几百年后，
勇敢的飞行员完成了第一次横跨大西洋的飞行。

在 APP 上，看一看这一页地图上的旅行。

菜夫·埃里克松，
冰岛，1000 年

克里斯托弗·哥伦布

哥伦布是一位经验丰富的航海家，
他因为带领欧洲人进入美洲而被人们记住。
他的发现彻底改变了世界，对很多人来说，
哥伦布在 1492 年的那次航海，
标志着欧洲抢占并控制新大陆的开端。
那是一段关于冷酷、贪婪、残忍和奴隶制的时期。

克里斯托弗·哥伦布，
帕洛·斯德拉·弗龙特拉，1492 年

约翰·阿尔科克和
亚瑟·惠滕·布朗

1919 年 6 月，英国飞行员约翰·阿尔科克和亚瑟·惠滕·布朗
完成了人类历史上第一次中途未停的、飞越大西洋的壮举。
他们使用的是一架双引擎维克斯维米复翼飞机——
最初被设计为轰炸机，用于第一次世界大战。
炸弹架被额外的燃料箱所取代。

6,8

约翰·阿尔科克 (1892—1919年)
和亚瑟·惠滕·布朗 (1896—1948年)

第一次世界大战后的那些年，全球掀起了飞行的热潮，无论男性还是女性都热衷于此。当时有飞行表演、航空竞赛和特技飞行。一战前，一家英文报社曾出价10000英镑，奖励第一位飞越大西洋的人。回到和平时期后，比赛又重新开始。约翰·阿尔科克打算和从前一样，与亚瑟·惠滕·布朗一起接受这个挑战。

他们驾驶维克斯维米飞机赢得了奖金。它以平均每小时185千米的速度跨越了大西洋，飞行高度最高达到了3700米，克里斯托弗·哥伦布可能完全无法想象有这样一种交通工具。尽管如此，这次飞行依然是一场严酷的考验，因为这两位勇士在空中不断与大雾和冰雪作斗争。

由于他们的飞机运载了邮件，因此这次飞行成了跨越大西洋的第一次航空邮政服务。不幸的是，仅仅在这次伟大壮举之后的6个月，阿尔科克就在一次法国的空难中去世。

克里斯托弗·哥伦布
(约1451—1506年)

克里斯托弗·哥伦布很可能是世界上最著名的航海家，他于1492年横跨大西洋的航行成了欧洲探险的里程碑。然而对于美洲土著居民来说，欧洲随之而来的入侵，意味着种族灭绝、奴隶制度、不平等、领土的丧失以及致命的疾病。

克里斯托弗·哥伦布出生在意大利热那亚。他坚信寻找印度财富的最佳路线是环绕地球向西航行，而不是向东。同时，他还想传播基督教。1492年8月，哥伦布第一次启航横跨大西洋，最终在10月底登陆巴哈马群岛，他确信自己到达了印度。

后来的三次航行，哥伦布探索了加勒比海地区并建立了殖民地，但他招惹来了敌人，并在管理伊斯帕尼奥拉岛时被指控犯有虐待罪，因此被戴上镣铐押送回西班牙。在第四次航行中，他被困于牙买加一年之久。最终，哥伦布在西班牙的巴利亚多利德去世。

982-1003年	1351年	1492年	1497年	1497—1501年	1500年
维京航海家们横跨北大西洋，到达了格陵兰岛和北美大陆。	亚速尔群岛第一次出现在了欧洲地图上。	克里斯托弗·哥伦布进行了四次横跨大西洋航行中的第一次航行。	意大利航海家约翰·卡伯特到达了纽芬兰、新斯科舍或缅因。	阿美利哥·维斯普西的三次航行证明了美洲是一片新大陆，而不是亚洲的一部分。"美洲"正是以他的名字命名的。	佩德罗·阿尔瓦雷斯·卡布拉尔从葡萄牙启航，到达了巴西海岸，然后掉头向东航行至非洲。

哥伦布和美人鱼

1493 年，克里斯托弗·哥伦布
从伊斯帕尼奥拉岛启航，
在海中见到三只美人鱼。
他抱怨说，它们连描述中的一半美丽都不及。
这其实不足为奇，因为它们很可能是一种
叫作海牛的海洋哺乳动物，
其体重可达半吨！

莱夫·埃里克松

(970—约 1020 年)

在中世纪早期，维京人是伟大的探险家、身经百战的勇士、商人和移居者。他们在 9 世纪逐步跨越北大西洋，从法罗群岛到冰岛，再到格陵兰岛。

格陵兰岛是世界上最大的岛屿，它是北美洲的一部分。大约在 982 年，被称为"红发埃里克"的埃里克·瑟瓦尔德森对这里进行了殖民。后来他的儿子——"幸运的"莱夫——最终到达北美大陆。一位名叫本杰尼·荷约夫松的维京人在 986 年被暴风雨向西吹离了航线，但也因此首次瞥见了北美大陆的海岸线。

莱夫听说了这件事，于是在 1000 年前后，组织了一次去那里的探险。之后更多的维京探险队也随之而去，并尝试在那里定居，还和当地原住民发生过战斗。20 世纪 60 年代，考古学家在纽芬兰的兰塞奥兹牧草地，发现了维京人的建筑遗迹。

瓜分大西洋

在地理大发现时代，欧洲人认为：
他们可以在任何他们发现的、
非基督教的土地上宣示主权。
而他们宣示主权的方式仅仅是在那片土地
插上自己国家的国旗。随着西班牙和葡萄牙
在世界范围内的竞争，天主教领袖罗马教皇
促成了一项新的条约——
《托尔德西里亚斯条约》(1494 年)。
他在大西洋地图上的佛得角群岛以西 100 里格
（古老的测量单位，1 里格约等于 5.89 千米
——译者注）处画了一条分界线。
分界线以西的土地属于西班牙，
以东的土地属于葡萄牙。1506 年，
这条分界线向西移动，因此葡萄牙可以在
巴西宣示主权。

1524 年	1566 年	1919 年	1919 年	1927 年	1969—1970 年
乔瓦尼·达·韦拉扎诺是第一位发现如今的纽约所在地区的欧洲探险家。	西班牙开辟了第一条横跨大西洋的贸易路线。	NC-4 水上飞机是第一架穿越大西洋的飞机，中途降落在亚速尔群岛。	英国飞行员约翰·阿尔科克和亚瑟·惠滕·布朗完成了第一次中途未停的、穿越大西洋的飞行。	美国飞行员查尔斯·林德伯格开着他的单翼飞机，第一次完成了单人穿越大西洋的飞行。	挪威探险家托尔·海尔达尔和船员们驾驶两艘仿古芦苇船横跨了大西洋。

胡安·罗德里格斯·卡布里略

1542—1543 年，
第一位沿加利福尼亚海岸航行的
欧洲人——胡安·罗德里格斯·卡布
里略，他的舰队从西班牙属地墨西哥
和中美洲出发，
到达位于加利福尼亚北部的
俄罗斯河河口。

探索北美洲

史前亚洲人是北美洲的
第一批开拓者和定居者。从 16 世纪开始，
来自欧洲的探险者们迫使原住民离开家园，
并破坏了这里的环境。
这些人包括商人、拓荒者、士兵
以及官方委派的航海家和制图师。

在 APP 上，看一看这一页地图上的旅行。

胡安·罗德里格斯·卡布里略，
加利福尼亚半岛，1542 年

梅里韦瑟·刘易斯和
威廉·克拉克

1803 年，美国买下了法国在北美洲
214 万平方千米的广阔殖民地。
梅里韦瑟·刘易斯和威廉·克拉克在一位叫
萨卡加维亚的肖肖尼人的协助下，
率团在这里考察。

梅里韦瑟·刘易斯和威廉·克拉克，
圣路易斯，1804 年

埃尔南多·德·索托

埃尔南多·德·索托是一位西班牙士兵
和探险家。他最著名的那次探险
（1539—1542 年）是先北上到达
阿巴拉契亚高地，然后向西跨越密西西比河，
去寻找永远都不可能找到的黄金。

埃尔南多·德·索托，
哈瓦那，1539 年

胡安·罗德里格斯·卡布里略
（1497—1543 年）

胡安·罗德里格斯·卡布里略可能出生在葡萄牙或西班牙。他在古巴和墨西哥参加过战争、淘过金，还奴役了许多土著家庭。1539 年，弗朗西斯科·乌略亚已经发现了加利福尼亚湾，卡布里略受命去进一步探索，寻找新的商机和领地。

1540 年，一支西班牙舰队从萨尔瓦多的阿卡胡特拉航行至墨西哥的纳维达。卡布里略从那里带领三艘舰船向北出发，成了第一位沿加利福尼亚海岸、从圣选戈湾到达俄罗斯河的欧洲人。然而他错过了重要的天然停泊港——圣弗朗西斯科湾。

海岸被当地的土著居民污染得很严重。回程路上，卡布里略在与土著士兵发生的小规模的冲突中，不幸摔到陡峭的岩石上，并伤到了腿。1543 年 1 月，他死于坏疽。加利福尼亚直到 1847 年才归属于美国。

埃尔南多·德·索托
（1500—1542 年）

埃尔南多·德·索托是西班牙探险家和征服者。他是众所周知的战士和勇敢的探险家，然而和许多征服者一样，他热衷于淘金，而且压迫原住民。他在 1539—1542 年间的北美探险，造成了大量的人员伤亡。

1527 年，潘菲洛·德·纳尔瓦埃斯带领一支西班牙探险队，到达佛罗里达和墨西哥湾沿岸，这次探险几乎无人生还。后来索托的探险队犯了许多相同的错误——把大量的时间浪费在寻找并不存在的黄金上，还和途中遇到的许多印第安人成了敌人。

1542 年索托死后，生还的探险队员修理船只，继续沿着密西西比河航行，但他们全程都被敌方士兵乘独木舟追击。有关这次探险的一些遗迹已经被发现，然而关于他穿越南方的准确路线，至今仍有争议。

1513 年
西班牙探险家胡安·庞塞·德莱昂成为第一位探索佛罗里达的欧洲人。

1539—1542 年
埃尔南多·德·索托来到佛罗里达，探索了今美国南部的广大地区。

1542—1543 年
胡安·罗德里格斯·卡布里略探索了加利福尼亚海岸。

1579 年
英国航海家弗朗西斯·德雷克在环游世界时，在圣弗朗西斯科湾停泊。

1607—1611 年
英国探险家亨利·哈得孙探索了哈得孙海峡、哈得孙河以及哈得孙湾。

1608 年
法国探险家塞缪尔·德·尚普兰发现了魁北克城，并绘制了加拿大海岸线地图。

22

前所未见的动植物

刘易斯和克拉克详细记录了
他们沿途所见的各种动植物，
其中许多是在其他地区从未见过的。
有些后来更是以两位探险家的名字命名，
比如克拉克星鸦和刘氏啄木鸟。

梅里韦瑟·刘易斯 (1744—1809年)
和威廉·克拉克 (1770—1838年)

1804—1806 年，梅里韦瑟·刘易斯上尉和他作为副指挥官的朋友威廉·克拉克少尉，带领美国探险队严格按照军事路线在这里探险。他们探索了美国新买的法属领地——路易斯安那，并向西寻找密苏里河。他们穿越了大平原（指北美洲中西部的平原和河谷地区——译者注）和落基山脉，并沿着哥伦比亚河抵达太平洋，之后原路返回。

刘易斯和克拉克在途中差点饿死，他们遇到过急流险滩，还有灰熊的袭击，不过最终只有一名探险队员因自然原因死亡。

刘易斯和克拉克探险成功，归功于他们的许多生存本领，也因为他们能够和沿途所遇到的印第安人和平相处。事实上，如果没有真正了解这片土地的土著和偏远地区遇到的猎人及拓荒者的帮助，他们不可能生存下来。

有位英勇的肖肖尼女人——萨卡加维亚（1788—1812年），曾在旅途中生下一个婴儿。萨卡加维亚的丈夫叫图森特·夏博诺，是一位法裔加拿大人，他们俩是探险队成功的关键人物。

这是集军事、政治和经济等因素于一体的一次探险，但对于在加利福尼亚的西班牙人来说，可不是一件好事。西部的开发对美国的未来至关重要，但对印第安人来说，却是一场灾难。然而无论如何，这次探险在科学以及地理方面的成就是十分显著的。

1673—1687 年	1778 年	1783 年	1790 年	1804—1806 年	1842—1854 年
罗伯特·卡维利耶·德·拉萨尔从五大湖一直探索到墨西哥湾。	詹姆斯·库克从夏威夷一直航行到俄勒冈海岸，然后继续北上，到达北极圈。	俄罗斯商人格里戈里·谢利霍夫带领一支探险队探索了阿拉斯加。	猎人和测量师大卫·汤普森开始绘制大约 490 万平方千米的北美洲地图。	梅里韦瑟·刘易斯、威廉·克拉克和萨卡加维亚加入了从圣路易斯到太平洋海岸的美国探险队。	约翰·查尔斯·弗里蒙特探索了落基山脉和美国西部。

探索中美洲和南美洲

数万年来，移民们一直在探索中美洲和南美洲。如今，伟大的城市和文明已经在墨西哥和秘鲁发展壮大起来。

很可能在16世纪欧洲人发现和侵占这片大陆之前，就已经到达了南美洲的太平洋海岸。波利尼西亚探险者或商人，野蛮的征服者们来此寻找黄金，抢占领地，但之后的探险家们来此地却是为了绘制地图，或作为科学家研究地质和物种演变。

在APP上，看一看这一页地图上的旅行。

查理·罗伯特·达尔文，1831年

亚历山大·冯·洪堡，1799年

弗朗西斯科·德·奥雷利亚纳，基多，1541年

亚历山大·冯·洪堡

德国科学家

亚历山大·冯·洪堡探索了委内瑞拉、古巴、哥伦比亚、厄瓜多尔和墨西哥，主要研究气候、动植物、地质、历史和文化。

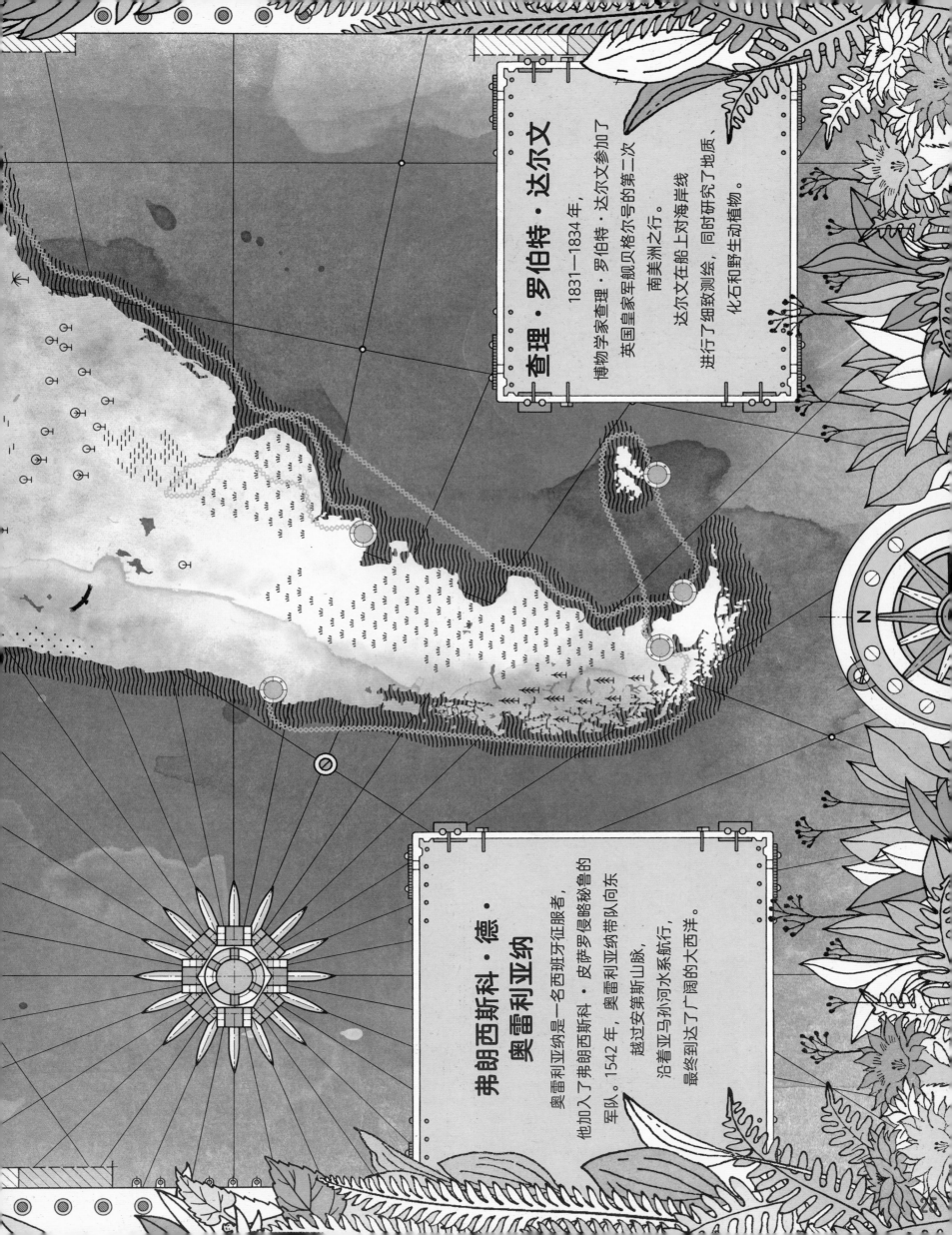

查理·罗伯特·达尔文

1831—1834年，
博物学家查理·罗伯特·达尔文参加了
英国皇家军舰贝格尔号的第二次
南美洲之行。
达尔文在船上对海岸线
进行了细致测绘，同时研究了地质、
化石和野生动植物。

弗朗西斯科·德·奥雷利亚纳

奥雷利亚纳是一名西班牙征服者，
他加入了弗朗西斯科·皮萨罗侵略秘鲁的
军队。1542年，奥雷利亚纳带队向东
越过安第斯山脉，
沿着亚马孙河水系航行，
最终到达了广阔的大西洋。

查理·罗伯特·达尔文
(1809—1882 年)

作为一名年轻人，英国博物学家查理·罗伯特·达尔文受到亚历山大·冯·洪堡作品的启发，一直对动物学和植物学着迷，他非常高兴有这个机会参加贝格尔号的环球航行。贝格尔号此次航行的主要目的，就是详细勘察南美洲的海岸线。

在漫长的航海旅行中，达尔文尽可能多花时间在陆地上收集动植物标本。他穿越热带雨林、大草原和山脉，积累了丰富的探险经历。他不断目睹征服者对土著的种族灭绝（大屠杀），也亲眼见到了火山爆发和大地震。在南美洲的最后一站，他来到由火山熔岩组成的加拉帕戈斯群岛。在这里，他研究了不同种类的雀鸟群体，并思考：为什么有这么多种类的雀鸟，然而它们之间的差别却如此之小？达尔文根据这些发现，得出了他的进化论，这一理论解释了生物是如何在时间的推移中发生变化的，达尔文也因此被认为是全世界最伟大的科学家之一。

弗朗西斯科·德·奥雷利亚纳
(1511—1546 年)

西班牙征服者掠夺了印加帝国的财宝，与此同时，他们内部也在争斗。西班牙人弗朗西斯科·德·奥雷利亚纳——一名战士和探险家，就是其中一员。1533年，他在秘鲁成为弗朗西斯科·皮萨罗军队的一员。

1541 年，向东部进发的探险队很快便遇到了麻烦。最终，奥雷利亚纳和他的队伍沿着庞大的亚马孙河水系，一路漂流至大西洋。亚马孙河两岸有世界上最大的热带雨林，里面有热带鸟类、猴子和世界上体型最大的蛇等。

船只经常遭到毒剑的袭击和面对激烈的战斗。奥雷利亚纳报告了与女战士部落的激战，使这条河从此被称为"亚马孙河"——名字源于古希腊神话中的亚马孙女战士。1545 年，奥雷利亚纳带领一支新的探险队再次来到亚马孙河流域，但是沉船、袭击和逃亡也接踵而来。奥雷利亚纳死于 1546 年。

1513 年	1519—1520 年	1519—1521 年	1528—1532 年	1541—1542 年	1595 年
瓦斯科·努涅斯·德·巴尔沃亚成为第一个从美洲大陆看到太平洋的欧洲人。	斐迪南·麦哲伦沿着南美洲的大西洋海岸航行，穿越麦哲伦海峡，进入太平洋。	西班牙征服者埃尔南·科尔特斯入侵位于墨西哥的阿兹特克帝国，并摧毁了特诺奇蒂特兰城。	西班牙征服者弗朗西斯科·皮萨罗入侵秘鲁并战胜了印加帝国。	弗朗西斯科·德·奥雷利亚纳沿着亚马孙河全线航行。	英国探险家沃尔特·雷利为了寻找传说中的黄金国，探索了圭亚那。

黄金国寓言

许多探险者都渴望找到黄金。
这里流传着一个谣言：
一名当地酋长富有到用金粉涂满全身。
因此在西班牙语中，
这里被称为"埃尔多拉多"——黄金国。

亚历山大·冯·洪堡

(1769—1859 年)

亚历山大·冯·洪堡是一位生于柏林的德国科学家。他用真正的科学方法研究北美洲并绘制地图。1799年，他和法国植物学家埃梅·邦普兰从马赛启航前往美洲新大陆，开启了一段科学发现之旅。

洪堡是一位精力充沛又坚韧不拔的探险家，他穿越高山丛林，乘皮划艇漂流在蚊子密布的热带河流上，吃着仅能维持生命的少量食物。从山的高度、植物、动物到矿物和古代工艺品，他将一切都记录了下来。

当大部分人用夸张和神秘的眼光来看待美洲新大陆的时候，洪堡用非常精确的方法和最先进的设备，测量和记录着他所见到的一切，他的探险路程总计达一万余千米。洪堡广泛的兴趣使他的研究领域颇为广泛，从地质学、矿物学到磁学、动植物学、天文学、气象学、海洋学、历史学、经济学和社会学。他懂得正是这些相互作用，才有了地球上的生命，因此他开始关注人类对环境和气候的影响。

作为一名科学家，洪堡进行了详细的测量，并寻找新的、每个人都可以理解的方式来展示数据，例如等压线（在地图上画的线，以显示天气系统中的相同压力点）。他甚至还用测量结果来描述人类的气候变化，这在历史上尚属首次。

1617 年

沃尔特·雷利返回圭亚那，第二次寻找黄金国未果。

1799 年

科学家亚历山大·冯·洪堡探索了委内瑞拉。

1800—1804 年

亚历山大·冯·洪堡探索了古巴、安第斯山脉和墨西哥。

1826—1830 年

英国军舰贝格尔号对火地岛进行了水道测量。

1832—1835 年

博物学家查理·罗伯特·达尔文乘坐贝格尔号探索了南美洲海岸。

1848—1852 年

阿尔弗雷德·拉塞尔·华莱士探索了亚马孙盆地，以及当地的动植物、民族和语言。

罗伯特·伯克和威廉·威尔斯

1860 年，罗伯特·伯克和威廉·威尔斯
从墨尔本出发，前往澳大利亚北部海岸。
他们穿越严酷的沙漠，最终到达了北部海岸，
这趟旅途充满了危险。

罗伯特·伯克和威廉·威尔斯，
墨尔本，1860 年

亚伯·塔斯曼，
南大洋，1642 年

穿越大洋洲

三百年前，澳大利亚只是一片被海洋包围的、
布满红色岩石和炎热沙漠的土地。
它的东面是太平洋和新西兰的雪峰。欧洲探险家们航行至此，
来寻找未知之地，但是原住民和太平洋岛民们在几千年前，
早已知晓了大洋洲的秘密……

在 APP 上，看一看这一页地图上的旅行。

亚伯·塔斯曼

1642 年 8 月，
荷兰航海家亚伯·塔斯曼
率领两艘舰船从巴达维亚
（今印度尼西亚雅加达）出发，
去寻找塔斯马尼亚岛和新西兰。
经过塔斯马尼亚岛之后，
船队到达新西兰的西海岸，
然后继续航行，
到达汤加群岛和斐济群岛，
最终于 1643 年 6 月返回巴达维亚。

詹姆斯·库克，
太平洋，1770 年

詹姆斯·库克

1770 年，英国海军军官詹姆斯·库克
从塔希提岛出发，航行至新西兰，
并绘制了那里海岸线的地图。4 月 29 日，
船队到达了澳大利亚的植物学湾。
库克继续沿着东海岸航行，
然后向西航行至印度洋，最后返回英国。

罗伯特·伯克 (1821—1861年) 和威廉·威尔斯 (1834—1861年)

亚伯·塔斯曼 (1603—1659年)

19世纪，人们在澳大利亚的陆地上探险。探险队穿越大分水岭，沿着河流的走向绘制地图，穿越沙漠地区，无望地寻找着内陆海，这次探险充满了危险。

1860年，从墨尔本出发的一支探险队的经历，充分说明了欧洲征服者非常欠缺必要的生存技能，而常年生活在这里的原住民对此却了如指掌。这支探险队是由罗伯特·伯克和威廉·威尔斯率领的，他们的目标是从南向北穿越这片大陆。

他们经受住了沙漠和沼泽的考验，成功到达了卡奔塔利亚湾。但由于他们的装备过多，组织计划又不完善，途中总是发生分歧，这两位探险家都饿死在返回的路上。

1642年，荷兰东印度公司组织了一次探险航行，这次航行是由荷兰船长亚伯·塔斯曼带领的。塔斯曼成为第一位见到塔斯马尼亚岛的欧洲人，他当时把这个岛称作"范迪门斯地"。后来为了纪念塔斯曼，这个岛屿在1856年以他的名字重新命名。

海上的强风将荷兰的船只向东吹到了新西兰的南岛，当时欧洲人对这里还一无所知。当塔斯曼的船停泊在黄金湾时，当地的毛利人乘坐独木舟迅速袭击了他们，并杀死四名荷兰水手。塔斯曼在汤加群岛时受到了比较友好的接待，但在斐济群岛却险些发生海难。

1644年，塔斯曼再次率队出发。他们先沿着新几内亚海岸航行，然后在抵达澳大利亚北岸之前，探索了卡奔塔利亚湾。他们没有带回任何财富，但他们的发现，让澳大利亚（"新荷兰"）和新西兰开始出现在欧洲的地图上。

6万年以前	前2000年	前1200年	1208年	1605—1606年	1616年
第一批原住民开始在澳大利亚定居。	东南亚地区的人移居到太平洋岛屿。	波利尼西亚人发现并开始定居在太平洋岛屿上。	波利尼西亚民族的毛利人发现并定居在奥特亚罗瓦（新西兰）。	荷兰航海家威廉·杨茨发现了澳大利亚昆士兰的约克角半岛。	荷兰商人狄克·哈托格在澳大利亚的鲨鱼湾登陆。

只要做一次别人认为
你做不到的事，
你就再也不会在意别人给你
设置的限制了。
——詹姆斯·库克

詹姆斯·库克
（1728—1779 年）

1769 年 4 月，由詹姆斯·库克中尉率领的英国军舰奋进号在离开英国八个月后，驶进了马塔怀湾和塔希提岛。他的任务是去观察金星的运行轨道，后来库克拆开了密函，并按照指示去探索塔斯曼发现的大陆。

库克是一位实干家和了不起的水手，他关怀船员并尊重当地的原住民。与他同行的有塔希提领航员图派亚以及伟大的植物学家和博物学家约瑟夫·班克斯。库克到达新西兰，在那里停留了六个月，测绘海岸线地图，并发现了两个主岛之间的海峡。

之后库克继续航行，到达了澳大利亚东部的未知海岸。1770 年 4 月 29 日，他在植物学湾登岸，然后向北航行。他的船在大堡礁搁浅，几乎花了两个月的时间才修好船体上的破洞。

库克向北航行至托雷斯海峡，然后向西返航回国。但是，是否还有其他"未知的南方大陆"呢？第二次航行（1772—1775 年），作为船长的库克率领两艘军舰（决心号和探险号）驶向更远的南方，进入冰冷的南极水域。

库克继续航行，还到达了复活节岛（拉帕努伊岛）、马克萨斯群岛、塔希提岛、新赫布里底群岛和新喀里多尼亚岛。库克的第三次伟大航行（1776—1779 年）进入到了遥远的北太平洋、白令海峡和阿拉斯加。然而这是他的最后一次航行，库克在与夏威夷波利尼西亚岛居民的一次争斗中被刺身亡。

1642—1644 年	1688 年	1766 年	1787—1788 年	1791—1793 年	1791—1810 年
亚伯·塔斯曼航行到了塔斯马尼亚岛、新西兰、汤加、斐济和澳大利亚北部。	英国探险家威廉·丹彼尔在澳大利亚西北部停留了三个月。	詹姆斯·库克航行到了塔希提岛，绘制了新西兰的地图，并探索了澳大利亚的东海岸。	法国探险家拉彼鲁兹伯爵探索了太平洋岛屿和澳大利亚。	探险家安东尼·布鲁尼·当特尔卡斯托航行至大洋洲，并绘制了许多海岸线地图。	英国航海家马修·弗林德斯探索了大洋洲，并环绕澳大利亚海岸线航行一圈。

欧内斯特·沙克尔顿，
南乔治亚岛，1914 年

欧内斯特·沙克尔顿

1914 年，资深探险家欧内斯特·沙克尔顿
试图率队穿越整个南极大陆。
在他们其中的一艘探险船——持久号
被浮冰困住并沉没后，他的事迹成了
关于勇气和生存的励志故事。

去南极

这里几乎所有的土地都被冰雪覆盖。

1400 多万平方千米的区域，冰层的平均厚度可达 2 千米。

南极洲是地球上最寒冷、风力最强的地方，

除了科学家们在此建立研究基地外，没有人在这里生活。

1820 年以前，也没有已知的探险家见到过这片陆地。

只有最勇敢、最坚强的冒险家才敢在这里探险。

在 APP 上，
看一看这一页地图上的旅行。

罗伯特·福尔肯·斯科特

在斯科特的第二次南极探险中，
探险队在 1912 年 1 月 17 日到达了南极点，
可惜他们发现阿蒙森已经率先到达了那里。
他们在 1387 千米的回程中遭遇不幸，
4 名队员全部罹难。
那时他们距离安全地带仅有 18 千米。

罗伯特·福尔肯·斯科特，
罗斯岛，1912 年

罗阿尔德·阿蒙森，
鲸湾，1911 年

罗阿尔德·阿蒙森

1911—1912 年，
挪威探险家罗阿尔德·阿蒙森的队伍
成为第一支到达南极点的探险队。
他们用滑雪板和狗拉雪橇
花了 56 天的时间成功到达目的地。

欧内斯特·沙克尔顿
(1874—1922 年)

欧内斯特·沙克尔顿出生于爱尔兰，成长于英国，在与罗伯特·福尔肯·斯科特探索南极洲之后，他组织并带领一支自己的探险队，在 1907—1909 年乘坐探险船猎人号再次前往南极。他在罗伊兹岬建立营地，然后向南进发，到达了前人从未到过的地方。

与斯科特不同，沙克尔顿是一位很受欢迎的队长，他总是帮助他的队员们。他发现了比尔德莫尔冰川，其探险队还攀登了埃里伯斯火山——南极洲最活跃的火山。他顽强的决心和毅力充分体现在 1914—1916 年的那次探险中，当时他经受住了巨大的考验，确保了处于困境的队员能够得救。

然而，当 1922 年再次出发进行另一次探险时，欧内斯特·沙克尔顿死于心脏病发作，他被葬于南乔治亚岛。

罗阿尔德·阿蒙森
(1872—1928 年)

挪威极地探险家罗阿尔德·阿蒙森因到过南极和北极而声名远扬。1897—1899 年，他跟随比利时探险队第一次来到南极洲。1903—1906 年，他穿越像迷宫一样的北极岛屿，成功找到了西北航道。1910—1912 年，他再次回到南极洲并成功到达南极点——地球上最遥远的荒芜之地。

这对任何一个人来说，都已是非常伟大的成就了，然而阿蒙森是一位孜孜不倦、不断探索的探险家。他驾驶着一艘新舰船莫德号开始了新一轮的探险和科学研究。他探索了喀拉海、西伯利亚、白令海和阿拉斯加。阿蒙森曾被北极熊袭击过，莫德号也曾长时间被困于浮冰中。1925 年，阿蒙森和探险队乘坐诺格号飞艇成功飞过北极点。至此，他对于自己成功到达过南极和北极仍感到非常有成就感。

1928 年，他所乘坐的飞机在北极的一次搜救任务中失踪。

1772—1773 年	1819—1821 年	1821 年	1839—1843 年	1901—1904 年	1907—1909 年
英国海军军官詹姆斯·库克乘坐决心号穿越南极圈。	俄罗斯人别林斯高晋和米哈伊尔·拉扎列夫正式发现了南极冰架和大陆。	由美国水手约翰·戴维斯率领的猎海豹队可能是第一批踏足南极地区的人。	英国海军军官詹姆斯·克拉克·罗斯发现了罗斯冰架、埃里伯斯火山和维多利亚地。	罗伯特·福尔肯·斯科特率领探险队乘坐发现号，完成了大量的科研探索工作。	欧内斯特·沙克尔顿率领的探险队乘坐猎人号到达了距离南极点 181 千米的范围内。

最后一片荒野

南极至今仍然是
地球上最无人问津的地方，
但它始终吸引着探险家和科学家的兴趣。
因为曾经的气候状况被封存在
南极的冰川之中，
它能让我们更深入地了解地球。

罗伯特·福尔肯·斯科特
（1868—1912 年）

罗伯特·福尔肯·斯科特在成为一名探险家之前，曾作为一名英国海军军官环游过世界。1901—1904 年，他带领一支英国南极探险队，乘坐探险船发现号来到南极洲。他们的队伍庞大，而且在极端低温环境下的探险经验非常少，然而斯科特、欧内斯特·沙克尔顿和爱德华·威尔逊仍然设法向南进行了长距离的探险。在那里，他们还发现了南极高原——那是一片面积相当于澳大利亚的广阔而荒凉的区域，也是世界上最寒冷的地方。

返回基地的旅程是一次严酷的考验，沙克尔顿病得很重，但探险队最终完成了重要的科学研究回国后，斯科特被誉为英雄。

斯科特第二次探险（1910—1912 年，乘坐探险船特拉·诺瓦号）的目标是抵达南极点。他虽然完成了目标，却不是第一个抵达那里的人，并且最后以队员全部罹难的悲惨结局告终。在比阿蒙森仅晚了 5 周的时间抵达南极点之后，探险队冒着极端恶劣的天气条件，开始了长达 1387 千米的回程之旅。他们因暴风雪被困于帐篷中，最后遇难的队员去世时距离最近的安全地点仅有 18 千米。历史学家认为，这是由于斯科特计划不周造成的，但几乎没人质疑他的勇气。

1911 年	1912 年	1914—1917 年	1928 年	1956 年	2016 年
12 月 14 日，罗阿尔德·阿蒙森率领的探险队成为第一支抵达南极点的探险队。	1 月 17 日，罗伯特·福尔肯·斯科特的探险队抵达南极点，然而所有队员在回程中丧生。	欧内斯特·沙克尔顿试图穿越南极洲，然而他的探险船被困于浮冰中并沉没。	乔治·休伯特·威尔金斯和卡尔·本·艾尔森乘坐飞机飞越了南极洲。	美国开始在南极点建立阿蒙森-斯科特站。	南非探险家迈克·霍恩单独无助力地横跨了南极点。

环游世界

许多世纪以来，环球航行一直是人类最大的挑战。
然而时代变了，2015—2016 年，阳光动力 2 号太阳能飞机
仅依靠太阳能就能环绕地球飞行一圈。
国际空间站每 92 分钟就环绕地球一次。
在太阳系之内甚至之外，人类最伟大的探险壮举即将开始。

在 APP 上，看一看这一页地图上的旅行。

弗朗西斯·德雷克，
普利茅斯，1577 年

斐迪南·麦哲伦，
塞维利亚，1519 年

威利·波斯特，
纽约，1933 年

斐迪南·麦哲伦

1519 年，
麦哲伦穿越了大西洋，
然后继续前往菲律宾，
这是欧洲航海家的首次环球航行。
最终仅有一艘船成功回到西班牙，
完成了世界上的第一次
环球航行。

威利·波斯特

1924 年，美军一组双翼飞机
完成了历史上的第一次环球飞行。
1933 年，美国飞行员威利·波斯特
首次完成了单人环球飞行的壮举，
仅用了 7 天 18 小时 49 分钟，
世界从此变小了！

弗朗西斯·德雷克

1577 年，英国女王伊丽莎白一世派弗朗西斯·德雷克
袭击太平洋的西班牙殖民地。
1578 年，德雷克穿越麦哲伦海峡，航行到那里，
抢劫了西班牙舰船，并袭击其殖民地。他在加利福尼亚登陆，
代表英国宣称主权。1580 年，他返回了英国普利茅斯。

弗朗西斯·德雷克
（约 1543—1596 年）

斐迪南·麦哲伦
（约 1480—1521 年）

欧洲北部国家一直垂涎西班牙和葡萄牙从新大陆掠夺来的财富。因此，英国女王伊丽莎白一世派航海家弗朗西斯·德雷克袭击西班牙的殖民地和船舶。

对英国人来说，德雷克是一名海军军官、私掠船（一种获得国家授权可以拥有武装的民用船只，用来攻击他国船只，其实是国家支持的海盗行为——译者注）船长、探险家和英雄。然而他的确违反了法律，并且无视条约，因此西班牙人有理由称"德雷克"（暴徒）为海盗，并出高价悬赏他的人头。

德雷克在环球航行中，沿着南美洲的太平洋海岸一路抢劫突袭，并盗取大量财富。当然，这些财富最初也是西班牙人从南美洲原住民那里掠夺来的。德雷克还到达了北美洲的太平洋海岸，并在加利福尼亚登陆。

世界范围内的贸易，从 1519 年人类的首次环球航行就已经开始，进行这次环球航行的是葡萄牙航海家斐迪南·麦哲伦。

麦哲伦当时已经是一位经验丰富的航海家和士兵，他曾参加在印度和东南亚地区的殖民战争。当他无法说服葡萄牙国王赞助他从西方出发，再去探索这些地方的时候，他选择为西班牙服务。

麦哲伦发现了连接大西洋和太平洋的万圣海峡，也就是今天的麦哲伦海峡。在菲律宾，他参与了一场当地的内部冲突，不幸被竹矛刺死。剩下的船员横渡印度洋回到了西班牙，只有一艘船成功返航，船上载着当初二百三十七名船员中的十八名。这是人类首次完成的环球航行，前后一共花费了三年时间。

1519—1522 年	1577—1580 年	1768—1771 年	1895—1898 年	1907—1909 年	1929 年
葡萄牙人斐迪南·麦哲伦完成了史上首次环球航行。	英国航海家和私掠船船长弗朗西斯·德雷克，完成了史上第二次环球航行。	詹姆斯·库克乘坐奋进号完成的航行，是史上第一次没有任何船员死于坏血病的环球航行。	出生于新斯科舍的美国水手约书亚·斯洛克姆成为第一个独自完成环球航行的人。	美国海军的大白舰队成为第一支完成环球航行的舰队。	齐柏林伯爵号飞艇花费二十一天的时间完成了环球飞行，这是当时世界上最快的一次长途旅行。

高空飞行压力服

威利·波斯特研制高空飞行压力服的
过程并不顺利。
他测试的第二套压力服因使用了过紧的钢盔,
以至于他不得不毁掉压力服才能
从里面出来!

威利·波斯特
(1898—1935 年)

动力飞行时代的到来,永远地改变了人类的探险方式。然而最早的飞行探险家们所承担的风险,与从前那些伟大的探险家们所经历的几乎一样,只是更快了些而已。

威利·波斯特是一名美国飞行员,也是独自完成环球飞行的第一人,他以敢作敢为的进取精神而被人们熟知。但他并不是一位军队将领或富有的探险家,而只是一个来自美国俄克拉何马州的农家男孩。

波斯特在展会上第一次见到飞行表演时,才十五岁,从那一刻起,他就迷上了飞行。他当过建筑工,也在石油钻井平台上工作过,还在飞行马戏团担任跳伞特技表演员。

波斯特在一次工业事故中失去了一只眼睛,他于1931 年购买了一架飞机,并由哈罗德·加蒂担任领航员。他环游世界,一举成名。两年后,他完成了单人环球飞行。

波斯特尝试在更高的高度飞行,并发现了强大的气流——喷射气流。由于他的飞机机舱无法适应高空飞行,波斯特甚至还研发了一种特殊的加压飞行服——现代高科技宇航员装备的前身。

环球飞行令波斯特名声大噪,然而他并没有停止设计和寻找新的飞行方式。1935 年,波斯特和他的好友——电影明星威尔·罗杰斯在阿拉斯加的一次飞行事故中丧生。他们驾驶的飞机是用两架旧飞机的零部件组装而成的,在起飞时不幸坠毁。

1933 年	1961 年	1969 年	1976—1978 年	1988 年	2015—2016 年
美国飞行员威利·波斯特,完成了史上首次单人环球飞行。	苏联东方一号宇宙飞船载着尤里·加加林进入地球轨道。	罗宾·诺克斯·约翰斯顿是第一位完成单人不间断环球航行的人。	克里斯蒂娜·霍伊诺夫斯卡·里斯基维兹,是第一位完成单人环球航行的女性。	凯·科蒂是第一位完成无助力单人帆船不间断环球航行的女性。	阳光动力2 号太阳能飞机,仅依靠太阳能就完成了环球飞行。

词汇表

原住民： 最早在一片土地上生活的某个民族的居民，也叫土著。

地理大发现时代： 15 至 17 世纪，欧洲人广泛探索世界大陆与海洋的时代。

飞艇： 因充有比空气轻的气体而升空的一种动力飞机。飞艇在 20 世纪初至 20 世纪 30 年代被广泛地使用。

南极地区： 位于南半球、纬度高于 66.5°、围绕南极点的陆地、冰川、岛屿和海洋。

北极地区： 位于北半球、纬度高于 66.5°、围绕北极点的海洋、冰川、陆地和岛屿。

飞行员： 飞机驾驶员，本书通常用来形容早期进行飞行或空中探险的人。

复翼飞机： 拥有两个机翼的飞机。

植物学： 研究植物的学科。研究植物的科学家被称为植物学家。

征服者： 从 16 世纪开始，征服、掠夺和殖民广大美洲地区（新大陆）的士兵和武装探险者。

洲： 一块大陆和附近岛屿的总称。地理学家将各个洲分别命名为亚洲、欧洲、非洲、大洋洲、北美洲、南美洲和南极洲。

流： 海洋或河流中定向运动的强大水流。

外交： 国家之间或国家和国际组织之间关于协议、关系以及联盟等的谈判。

黄金国： 又称埃尔多拉多，本指传说中的一位南美洲统治者。这个词后来指的是 16 到 17 世纪，欧洲探险家们徒然寻找的、谣传中拥有巨大财富的一片土地。

帝国： 被某个君王或民族统治的拥有大片领土或众多殖民地的国家。

赤道： 在地球表面纬度为 0°的地方，假想出的一条环绕地球中部的线，这条线到北极点和南极点的距离是相等的。

探险： 因特殊目的，如探测或登山等而组织的旅行。

坏疽： 因局部缺血而造成的严重不良的身体状况。

种族灭绝： 因民族或种族原因而对一大群人的蓄意谋杀。

地理学： 研究地球及其气候、动植物、地貌、人口和民族等的学科。研究地理的科学家被称为地理学家。

地质学： 研究地球及其岩石以及它们形成原因的学科。研究地质的科学家被称为地质学家。

大陆： 一大片相互连接的土地。

疟疾： 一种通过某些蚊子体内的寄生虫传播给人类的、非常危险的疾病。

气象学： 研究气象条件和地球大气的学科。研究气象的科学家被称为气象学家。

移居： 人或动物从一个地方迁移到另一个地方。

航海家： 航海探险家。

领航员： 负责制定船或飞机前进路线的人。

海洋： 覆盖地球表面约 71% 面积的巨大盐水体。

法老： 今天对古埃及统治者的称呼。

朝圣： 因宗教原因而前往圣地的长途旅行。

海盗： 乘船在海上或海岸附近抢劫的人。

极点： 在地球自转轴上，位于地球表面的最北端和最南端的两个点。

雨林： 热带或亚热带暖热湿润地区，由高大常绿阔叶树构成。

难民： 为了远离战争、迫害、饥荒、贫穷或自然灾害而逃到另一个国家的人。

丝绸之路： 大约在前 200 年至 17 世纪期间，连接中国和西亚以及欧洲、非洲的一条贸易路线。

源头： 水发源的地方。

海峡： 连接两片较大水域的狭窄水道。

测量师： 测量土地、海岸线情况或者绘制地图的人。

领土： 在一国主权管辖下的地球表面特定部分，由领陆、领水和领空三部分组成。

条约： 两个或多个国家之间的正式协议。

动物学： 研究动物的学科。研究动物的科学家被称为动物学家。

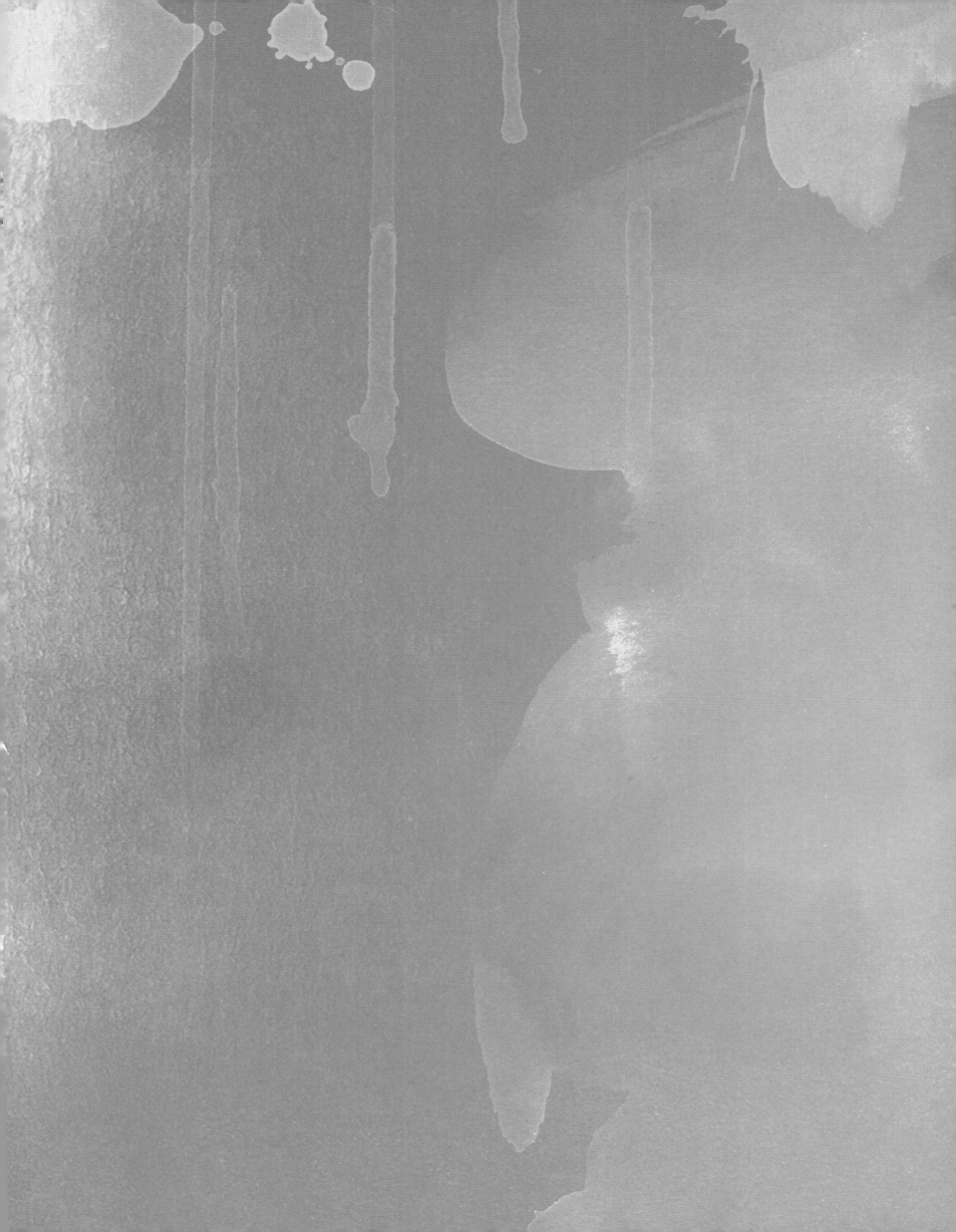